浙江省高职高专优势专业（商品花卉专业）建设项目

常用观赏树木

彩色图谱

黄超群　屠娟丽　主编

中国农业大学出版社

·北　京·

内 容 简 介

本书介绍了长江三角洲地区常见园林观赏树木 300 余种（含变种、变型、品种）。书中裸子植物采用郑万钧系统，被子植物采用恩格勒系统进行编排，详尽地介绍了各种观赏树木的学名、科属、识别要点、生态习性、观赏特性及园林应用方式。全书共有 1 000 余张彩色高清晰照片，每种植物都配有植物整株图片及树干、枝、叶、花、果等局部特写图片，力求全方位展现植物的形态特征。全书图文对照，描述详尽，可作为园林从业人员、园林园艺专业的学生以及植物爱好者进行植物识别的工具书。

图书在版编目（CIP）数据

常用观赏树木彩色图谱 / 黄超群，屠娟丽主编 . —北京：中国农业大学出版社，2016.12
ISBN 978-7-5655-1731-0

Ⅰ.①常…　　Ⅱ.①黄…　②屠…　　Ⅲ.①观赏树木 - 图谱　　Ⅳ.①S684-64

中国版本图书馆 CIP 数据核字（2016）第 272432 号

书　　名	常用观赏树木彩色图谱			
作　　者	黄超群　屠娟丽　主编			
策划编辑	姚慧敏	**责任编辑**	姚慧敏	
封面设计	郑　川	**责任校对**	王晓凤	
出版发行	中国农业大学出版社			
社　　址	北京市海淀区圆明园西路 2 号	**邮政编码**	100193	
电　　话	发行部 010-62731190，2620	**读者服务部**	010-62732336	
	编辑部 010-62732617，2618	**出 版 部**	010-62733440	
网　　址	http://www.cau.edu.cn/caup	**E-mail**	cbsszs@cua.edu.cn	
经　　销	新华书店			
印　　刷	涿州市星河印刷有限公司			
版　　次	2016 年 12 月第 1 版　　2016 年 12 月第 1 次印刷			
规　　格	787×1 092　　16 开本　　19.75 印张　　490 千字			
定　　价	128.00 元			

图书如有质量问题本社发行部负责调换

编委会名单

主 编 黄超群（嘉兴职业技术学院）

屠娟丽（嘉兴职业技术学院）

参 编 周 金（嘉兴市园林绿化工程公司）

周素梅（嘉兴碧云花园有限公司）

费伟英（嘉兴职业技术学院）

前言

　　观赏树木是指凡适合于各种风景名胜区、休疗养胜地和城乡各种园林绿地应用的木本植物，包括各种乔木、灌木和木质藤本。本书收集了长江三角洲地区常见观赏树木300余种（含变种、变型、品种，下同）。其中裸子植物26种，采用郑万钧系统进行编排；被子植物274种，采用恩格勒系统进行编排。植物的中文名及拉丁名以参照《浙江植物志》中的名称为主，也查阅了一些最新的文献，并进行了考证。详尽地介绍了各种观赏树木的学名、科属、识别要点、观赏特性及园林应用方式，并配有植物整株图片及树干、枝、叶、花、果等局部特写图片，力求全方位展现植物的形态特征。本书图文对照，描述详尽，可作为园林从业人员、园林园艺专业学生、植物爱好者进行植物识别的工具书。

　　本书作者长期从事观赏植物分类的教学和科研工作，经常深入到各类园林绿地中进行观赏植物资源调查，对植物的识别要点、生态习性、观赏特性及园林用途都非常熟悉，并在调查的过程中收集了大量图片，为本书的撰写收集了第一手资料。在本书编撰过程中，对选定树种的识别要点进行了精练的描述，并配有相应的细部图片，力求使读者能够根据主要识别特点轻易地识别植物。在书稿完成以后，还请专家、专业人员进行了多次审稿，确保图文准确无误。

　　本书为浙江省高职高专优势专业（商品花卉专业）建设项目中的一个子项目，编写过程中得到了浙江省教育厅及主编与各参编单位诸多领导的关注和支持，在此一并表示衷心的感谢。还要感谢我的女儿在本书编写过程中给予的帮助，她不仅给我提出了很多中肯的建议，还协助我拍摄了很多照片。

　　由于编者水平有限，本书在文字描述、图片拍摄等方面难免会存在疏漏和不足之处，恳请广大读者和老师批评指正。

黄超群

2016年9月于嘉兴

裸 子 植 物

被子植物

V

参 考 文 献

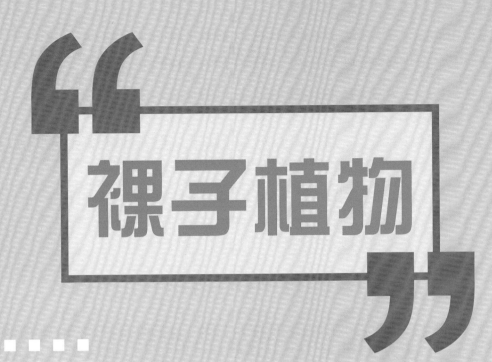

裸子植物

| 苏铁科 | Cycadaceae | 1 | 苏 铁
拉丁名：*Cycas reroluta* Thunb. |

科属：苏铁科苏铁属

识别要点：常绿乔木状，主干柱状。营养叶羽状，基部羽片呈刺状，其余羽片厚革质，坚硬，边缘显著向后反卷。雄球花长圆柱形，小孢子叶木质，密被黄褐色绒毛；雌球花略呈扁球形，大孢子叶宽卵形，有羽状裂，密被黄褐色绵毛，在下部两侧着生2~4个裸露的直生胚珠。种子卵形而微扁，长2~4 cm。花期6~7月，种子10月成熟，熟时红色。

生态习性：喜温暖湿润气候，不耐寒，在温度低于0℃时极易受害。

观赏特性及园林应用：株型优美，四季常绿，花大美丽。适合庭院中避风环境种植，也可盆栽布置室内。

苏铁整株

苏铁雌球花

苏铁树干

苏铁种子

苏铁雄球花

科属：银杏科银杏属

识别要点：落叶大乔木。枝有长枝、短枝之分。叶在长枝上互生，在短枝上簇生。叶扇形，顶端常2裂，有长柄。雌雄异株，球花生于短枝顶端的叶腋，雄球花呈柔荑花序状，下垂，无花被；雌球花亦无花被，有长柄，顶端常有2盘状珠座，每座上有1直生胚珠。种子椭圆形，核果状，熟时淡黄色或橙黄色，外被白粉。花期3~4月，种子9~10月成熟。

生态习性：阳性树，不耐积水，耐寒性强。

观赏特性及园林应用：树姿雄伟，叶形优美，秋季叶色金黄，造景效果极佳。园林中常用做行道树，也可作为庭荫树观赏。

银杏种子

银杏树干

银杏雌花序

银杏未成熟种子

银杏植株

银杏叶和雄花序

裸子植物

| 松 科 | Pinaceae | 3 | 金钱松
拉丁名：*Pseudolarix kaempferi* Ford. |

科属：松科金钱松属

识别要点：落叶乔木。树干通直，树皮呈不规则鳞片状剥落。大枝不规则轮生，平展。叶条形，柔软，在长枝上互生，在短枝上15~30枚簇生。雄球花数个簇生于短枝顶部，黄色，圆柱状；雌球花单生于短枝顶部，紫红色，直立，椭圆形。球果卵形或倒卵圆形，成熟前绿色或淡黄绿色，熟时淡红褐色；种鳞卵状披针形，先端渐尖，有凹缺；种子卵形，白色，种翅连同种子几乎与种鳞等长。花期4~5月，果10月至11月上旬成熟。

生态习性：喜光，幼时稍耐阴，耐寒性强；抗风力强；不耐干旱也不耐积水。

观赏特性及园林应用：树体高大，干形端直。叶片春季翠绿，秋季金黄，极为美观，为优良的园林绿化树种。金钱松适合孤植或丛植观赏，也可做行道树，还是极佳的盆景植物材料。

金钱松叶片

金钱松植株

金钱松树干

金钱松秋季叶片

科属：松科雪松属

识别要点：常绿乔木，树冠圆锥形。树干通直，树皮呈不规则鳞片状剥落。大枝不规则轮生，平展；枝有长短枝之分。叶针状，坚硬，通常呈3棱形，在长枝上螺旋状排列，在短枝上簇生。雄球花长卵圆形或椭圆状卵形；雌球花卵圆形。球果椭圆状卵形，熟时红褐色；种鳞宽倒三角形，背面密被锈色绒毛；种子三角状，种翅宽大。花期10~11月，球果翌年9~10月成熟。

生态习性：喜光，有一定耐阴、耐寒能力；不耐积水。雪松为浅根性树种，不宜种植于风口。

观赏特性及园林应用：树体高大，树形优美。园林中常用于园路边列植，或在庭院或草坪中孤植，亦可群植。

雪松雄花序

雪松植株

雪松树干

雪松枝叶

裸子植物

| 松　科 | Pinaceae | 5 | 日本五针松
拉丁名：*Pinus parviflora* |

科属：松科松属

识别要点：常绿乔木，树冠圆锥形。树皮灰黑色，呈不规则鳞片状剥裂。小枝平展，密生淡黄色柔毛；冬芽长椭圆形，黄褐色。叶5针一束，叶鞘早落，叶较细，长3~6 cm，内侧两面有白色气孔线，边缘有细锯齿。雄球花长卵圆形或椭圆状卵形；雌球花卵圆形。球果椭圆状卵形或卵状长椭圆形，熟时淡褐色；种鳞长圆状倒卵形；种子倒卵形，种翅三角形。花期5月，球果翌年9~10月成熟。

生态习性：喜光，稍耐阴；不耐积水；对海风有较强的抗性；但不适合在沙地生长。生长速度缓慢。

观赏特性及园林应用：树形美观，叶片秀美。园林中常与山石配植，或整形后孤植、对植等，也是盆景的优良材料。

日本五针松雌花序

日本五针松雄花序

日本五针松树干

日本五针松雌花、球果

日本五针松整株

科属：松科松属

识别要点：常绿乔木，树冠阔圆锥形或宽塔形。树皮淡灰绿色或粉白色，呈不规则鳞片状剥落。小枝灰绿色，光滑无毛；大枝自近地面处斜出。冬芽卵形，赤褐色。针叶3针一束，长5~10 cm，边缘有细锯齿，叶鞘早落。雄球花卵圆形，多数聚生于新枝基部呈穗状，鲜黄色。球果圆锥状卵形，长5~7 cm，直径约5 cm，熟时淡黄褐色；种鳞先端增厚，鳞盾近菱形；种子卵形，灰褐色，种翅有关节，易脱落。花期4~5月，球果翌年9~11月成熟。

生态习性：喜光，稍耐阴；喜生于排水良好而又适当湿润的土壤，对土壤要求不严，在中性、酸性及石灰性土壤上均能生长，亦能耐干旱土地。生长速度中等。

观赏特性及园林应用：株型开展，树姿优美，树皮呈绿白色斑驳状，极为美观。园林中可孤植、对植、列植或丛植观赏，也可用于造林。

白皮松雄花序

白皮松树干

裸子植物

松 科	Pinaceae	7	马尾松

拉丁名：*Pinus massoniana* Lamb.

科属：松科松属

识别要点：常绿乔木，树冠宽塔形或伞形。树皮红褐色，呈不规则鳞片状开裂。小枝淡黄褐色，轮生；冬芽圆柱形，赤褐色。针叶，2针一束，细柔，长10~20 cm，边缘有细锯齿；叶鞘宿存。雄球花圆柱形，弯垂，聚生于新枝基部呈穗状，淡红褐色；雌球花单生或2~4个聚生于新枝近顶端，淡紫红色。球果卵圆形或圆锥状卵圆形，下垂，熟时栗褐色；种鳞鳞盾菱形；种子长卵圆形，种翅长约1.5 cm。花期4月；球果翌年10~12月成熟。

生态习性：强阳性树；喜温暖湿润气候；喜酸性黏质壤土，对土壤要求不严，能耐干旱瘠薄土地，在沙土、砾石土及岩缝间均能生长，但不耐盐碱。生长速度中等偏快。

观赏特性及园林应用：树形高大雄伟，适应性极强。园林中常列植或丛植观赏，也可用于造林。

马尾松树干

马尾松植株

马尾松枝叶

马尾松球果

马尾松球果

科属：松科松属

识别要点：常绿乔木，树冠幼时呈狭圆锥形，老时呈扁平的伞状。树皮灰黑色；枝条开张，老枝略下垂。冬芽圆柱形，银白色。针叶2针一束，粗硬，长6~12 cm，边缘有细锯齿；叶鞘宿存。雄球花圆柱形，聚生于新枝基部呈穗状，淡黄褐色；雌球花单生或2~3个聚生于新枝近顶端，直立，有梗，淡紫红色或褐红色。球果卵圆形或圆锥状卵圆形，熟时褐色；种鳞鳞盾菱形；种子倒卵形，种翅长1.5~1.8 cm。花期4月，球果翌年10月成熟。

生态习性：阳性树；喜温暖湿润气候；极耐海潮风和海雾；对土壤要求不严，喜沙质壤土，能耐干旱瘠薄土地，能生长在海滩附近的沙地及pH为8的土壤上。

观赏特性及园林应用：抗性强，树姿遒劲古雅，是著名的海岸绿化树种，适合路边及庭院绿化，也是制作盆景的优良材料。

黑松雌球花

黑松雄球花

黑松植株

黑松球果

黑松树干

9

裸子植物

| 松 科 | Pinaceae | 9 | 湿地松
拉丁名：*Pinus eliottii* Engelm. |

科属： 松科松属

识别要点： 常绿乔木，树冠圆锥形。树皮灰褐色，纵裂呈鳞状块片脱落。枝条每年生长2~3轮，小枝粗壮，灰褐色，有白粉；冬芽圆柱形，红褐色。针叶2针一束和3针一束并存，较粗硬，长16~30 cm，边缘有细锯齿；叶鞘宿存。球果常2~4个聚生，少有单生，长卵圆形或长圆锥形，熟时栗褐色；种鳞平直或稍反曲；种子倒卵形，种翅长0.8~3.3 cm，易脱落。花期3~4月，球果翌年10月成熟。

生态习性： 阳性树；喜温暖湿润气候；深根性，抗风力强；在低洼沼泽地边缘生长旺盛，也较耐旱，在瘠薄的低山丘陵也可正常生长。抗病虫害能力较强。

观赏特性及园林应用： 湿地松树干通直挺拔，适应性强。宜配植于山间坡地、溪地池畔，可丛植、片植，也可做行道树，是长江以南园林和自然风景区绿化的优良树种。

湿地松植株

湿地松果枝

湿地松球果

湿地松球果

湿地松树干

科属：杉科杉木属

识别要点：常绿乔木，干通直，树冠尖塔形。树皮灰褐色，纵裂成薄片，内皮红褐色。枝轮生，平展或稍下垂；嫩枝绿色，具角棱，老枝黄褐色。叶线状披针形，质硬，螺旋状着生，排成假二列状，顶端锐尖，边缘有细锯齿，上面绿色，下面淡绿色，沿中脉两侧各有一条白色气孔带。雄球花簇生枝顶，具总苞状鳞片；雌球花单生或簇生枝端，球形，紫红色。球果卵圆形或近球形；苞鳞革质，三角状卵形，先端有刺状尖头；种鳞小，先端3裂，腹面着生3粒种子；种子扁平，暗褐色，有光泽，两侧边缘有窄翅。花期3~4月，球果10月成熟。

生态习性：阳性，稍耐阴；喜温暖湿润气候，稍耐寒；喜深厚肥沃、排水良好的酸性土壤，但亦可在微碱性土壤上生长。速生树种。

观赏特性及园林应用：杉木树干通直，枝叶茂盛。宜在公园边缘群植做背景树，或列植道旁。

杉木树干

11

杉木植株

杉木球果

杉木宿存雄球花

杉木枝叶

裸子植物

杉 科 Taxodiaceae 11 柳杉

拉丁名：*Cryptomeria fortunei* Hooibrenk ex Otto et Dietr.

科属： 杉科柳杉属

识别要点： 常绿乔木，树冠圆锥形。树皮红棕色，纤维状，裂成长条片脱落。大枝近轮生，平展或斜展；小枝细长，常下垂。叶钻形，先端向内弯曲，果枝的叶通常较短。雄球花黄色，单生叶腋，长椭圆形，集生于小枝上部；雌球花淡绿色，顶生于短枝上。球果圆球形或扁球形，直径1.5~2.0 cm，种鳞约20片，上部有4~5片短三角形裂齿；每种鳞有种子2颗，种子褐色，近椭圆形，扁平，边缘有窄翅。花期4月，球果10月成熟。

生态习性： 阳性树，略耐阴；喜温凉湿润气候，怕夏季酷热干燥；喜生于深厚肥沃、排水良好的沙质壤土；浅根性，主根不发达，抗风力较弱。速生，寿命长。

观赏特性及园林应用： 柳杉树形圆整而高大，树干粗壮，极为雄伟，最适于孤植、对植，也可列植做行道树，或丛植、群植。

柳杉植株

柳杉树干

柳杉球果

柳杉雄球花

日本柳杉
拉丁名：*Cryptomeria japonica*(Linn. f.) D. Don

科属：杉科柳杉属

识别要点：常绿乔木，树冠尖塔形或卵状圆锥形。树皮红褐色，纤维状，裂成条片状脱落。大枝近轮生，平展或微下垂，小枝微下垂。叶钻形，直而斜伸，先端不内曲。球果近球形，直径1.5~2.5 cm，种鳞20~30片，苞鳞的尖头及种鳞先端裂齿均较长；每种鳞有种子3~5颗，种子棕褐色，近椭圆形，扁平，边缘有窄翅。花期4月，球果10月成熟。

生态习性：同柳杉，但耐寒性较柳杉强。

观赏特性及园林应用：同柳杉。

日本柳杉树干

日本柳杉植株

日本柳杉球果

日本柳杉球花

日本柳杉枝叶

裸子植物

| 杉 科 | Taxodiaceae | **13** | 落羽杉
拉丁名：*Taxodium distichum* (Linn.) Rich. |

科属：杉科落羽杉属

识别要点：落叶乔木，幼树树冠呈圆锥形，老树则为宽圆锥形。树干基部常膨大，具屈膝状呼吸根；树皮长条状脱落。大枝平展；生叶的小枝排成2列，褐色，冬季与叶一同脱落。叶互生，扁平条形，长1.0~1.5 cm，基部扭转排成羽状2列。雄球花卵圆形，有短梗，在小枝顶端排列成总状花序或圆锥花序状。球果圆球形或卵圆形，直径约2.5 cm，熟时淡褐色，有白粉；种子不规则三角形，有锐棱，褐色，长1.2~1.8 cm。花期5月，球果10月成熟。

生态习性：强阳性树种，喜温暖湿润气候，亦较耐寒；极耐水湿，能生长于浅沼泽中，亦能生长于排水良好的陆地上。抗风能力强，寿命长。

观赏特性及园林应用：落羽杉树形优美，树干通直。叶片入秋变成古铜色，是良好的秋色叶树种，最适水旁配植，也可植于庭院或路边。

落羽杉植株

落羽杉枝叶

落羽杉气生根

落羽杉球果

落羽杉树干

科属：杉科落羽杉属

识别要点：半常绿乔木，树冠宽圆锥形。树干基部膨大；树皮裂成长条片脱落。大枝平展，小枝下垂，生叶的侧生小枝螺旋状散生，不呈2列；叶扁平条形，排成2列，呈羽状，长约1 cm，向上逐渐变短。球果卵圆形。

生态习性：强阳性树种，不耐阴；耐寒性较差；较耐盐碱，耐水湿。

观赏特性及园林应用：墨西哥落羽杉树形优美，树干通直。叶片入秋变成黄褐色，是良好的秋色叶树种，最适于水旁配植，也可植于庭院或路边。

墨西哥落羽杉树干

墨西哥落羽杉枝叶

墨西哥落羽杉枝叶

墨西哥落羽杉植株

墨西哥落羽杉球果

15

裸子植物

| 杉 科 | Taxodiaceae | **15** | 池杉
拉丁名：*Taxodium qscendens* Brongn. |

科属：杉科落羽杉属

识别要点：落叶乔木，树冠常较窄，呈尖塔形。树干基部常膨大，具屈膝状呼吸根，在低湿处生长的"膝根"尤为明显；树皮褐色，纵裂。大枝平展或向上斜展，侧生小枝绿色，无芽，常略向下弯垂，冬季与叶一同脱落。叶2型，一种扁平条形，基部扭转排成羽状2列；另一种为钻形，略内曲，常在枝上螺旋状伸展，下部多贴近小枝，基部下延。球果圆球形或长圆状球形，有短梗，向下斜垂，熟时褐黄色；种子不规则三角形，略扁，红褐色，长1.2~1.8 cm，边缘有锐棱。花期3~4月，球果10~11月成熟。

生态习性：强阳性树种，不耐阴；喜温暖湿润气候和深厚疏松之酸性、微酸性土，对碱性土敏感，当pH达7.2以上时，即可发生叶片黄化现象；耐涝，又较耐旱。抗风力强，萌芽力强，速生树种。

观赏特性及园林应用：池杉树形优美，枝叶秀丽婆娑，秋叶棕褐色，观赏价值高。特别适合水边湿地成片种植，或在园林中孤植、丛植、列植、片植等。

池杉植株

池杉树干

池杉生长于水中

池杉果枝

池杉球果

科属：杉科水杉属

识别要点：落叶乔木，幼树树冠尖塔形，老树树冠广圆形。树干基部常凹凸不平。树皮灰褐色，裂成薄片状脱落。大枝近轮生，小枝对生。叶扁平条形，交互对生，叶基扭转排成2列，呈羽状，冬季与无芽小枝一同脱落。雌雄同株，雄球花单生于枝顶和侧方，排成总状或圆锥花序状；雌球花单生于去年生枝顶或近枝顶。球果近球形，熟时深褐色，下垂；种子倒卵形，周有狭翅。花期2月，球果11月成熟。

生态习性：阳性树种；喜温暖湿润气候和深厚肥沃之酸性土，但在微碱性土上亦可生长良好；不耐涝，对土壤干旱也较敏感。速生树种。

观赏特性及园林应用：水杉树形优美，叶色秀丽，秋季转为棕褐色，观赏价值高。可在园林中孤植、丛植、列植、片植等。

水杉树干

水杉枝叶

水杉植株

裸子植物

| 柏 科 | Cupressaceae | **17** | 侧柏
拉丁名：*Platycladus orientalis* (Linn.) Franco |

科属：柏科侧柏属

识别要点：常绿大乔木，幼树树冠尖塔形，老树广圆形。树皮薄，浅褐色，呈薄片状剥离。大枝斜出，小枝排成一个平面，直展，扁平。叶全为鳞片状，交互对生。雌雄同株，球花单生于小枝顶端，雄球花黄色，卵圆形，雌球花近球形，蓝绿色，被白粉。球果卵形，熟前绿色，肉质，种鳞顶端有反曲尖头，成熟后变木质，开裂，红褐色；种子长卵形，无翅，侧面微有棱角。花期3~4月；球果10月成熟。

生态习性：喜光，但有一定耐阴力；喜温暖湿润气候，较耐寒；喜排水良好而湿润的深厚土壤，但对土壤要求不严格，无论酸性土、中性土或碱性土上均能生长；耐瘠薄，耐旱；抗盐性很强。寿命极长。

观赏特性及园林应用：侧柏树姿优美，枝叶苍翠，是我国北方应用最广、栽培观赏历史最久的园林树种。常栽植于古建筑、寺庙、陵园、墓地中，可孤植、对植、丛植、列植。小树也可做绿篱栽植。

侧柏幼树

侧柏枝叶、球果和种子

侧柏大树

侧柏雌花及未成熟果实

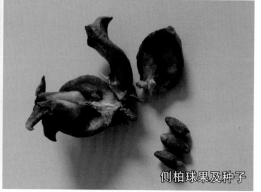

侧柏球果及种子

千头柏

科属：柏科侧柏属

识别要点：千头柏是侧柏的一个栽培品种，丛生灌木，无明显主干，高3~5 m，树冠卵状球形，小枝扁平排成一个平面向上伸展。叶全为鳞状，交互对生，鲜绿色。球果略长圆形，种鳞有锐尖头，被极多白粉。

生态习性：喜光，较耐寒；耐旱，适应性强，需排水良好土壤。

观赏特性及园林应用：千头柏株型整齐美观，可丛植于草坪，或与其他花灌木搭配造景，也可做绿篱栽植。

千头柏植株

洒金千头柏

科属：柏科侧柏属

识别要点：洒金千头柏是侧柏的一个栽培品种，外形与千头柏相似，植株高约1.5 m。嫩叶金黄色，入冬转为绿色。

生态习性：与千头柏相似。不耐高温，抗寒能力略差，抗污染性强。

观赏特性及园林应用：洒金千头柏株型整齐，树冠金黄色，可为园林绿地增添亮丽绿色。可丛植于路边、草坪、花坛，也可做绿篱。

19

洒金千头柏植株

洒金千头柏枝叶和幼果

裸子植物

| 柏 科 | Cupressaceae | **20** | 柏木
拉丁名：*Cupressus funebris* Endl. |

柏木球果

科属：柏科柏木属

识别要点：常绿大乔木，幼树树冠狭圆锥形，老树卵形。树皮淡褐灰色。大枝平展，小枝扁平，排成一个平面，细长下垂。叶全为鳞叶，先端尖锐，交互对生。雌雄同株，球花单生小枝顶端。球果圆球形，径8~12 mm，熟时暗褐色，成熟后变木质，开裂；种鳞盾形，有尖头；种子近圆形，两侧具窄翅，淡褐色，有光泽。花期4~5月，球果翌年5~6月成熟。

生态习性：阳性树，能略耐侧方阴蔽；喜温暖湿润气候，不耐寒；对土壤适应力强，以在石灰质土上生长最好，耐干旱瘠薄；略耐水湿。寿命长。

观赏特性及园林应用：柏木树冠整齐，能耐侧阴。最宜群植成林或列植成甬道，形成柏木森森的景色。宜做公园、建筑前、陵墓、古迹和自然风景区绿化用。

柏木植株

| 柏 科 | Cupressaceae | **21** | 铺地柏
拉丁名：*Sabina procumbems*(Endl.) Iwata et Kusaka |

科属：柏科圆柏属

识别要点：匍匐小灌木，枝干贴近地面伸展，密生小枝，枝梢及小枝向上伸。叶全为刺叶，3叶轮生，蓝绿色，线状披针形，长6~8 mm，先端有角质锐尖头，基部下延，上面凹，有2条白色气孔带，气孔带常在上部汇合。球果近球形，径8~9 mm，熟时蓝黑色，被白粉；种子长约4 mm，有棱脊。花期4月，球果翌年10月成熟。

生态习性：阳性树；能在干燥的沙地上生长良好，喜石灰质的肥沃土壤，忌低湿地栽植。

观赏特性及园林应用：铺地柏小枝葱茏，蜿蜒匍匐，为理想的木本地被。在园林中宜配植于悬崖、假山、岩缝、斜坡、湖畔或草坪边缘，各地亦常见盆栽观赏，古雅别致。

铺地柏枝叶

铺地柏作地被

圆柏

拉丁名：*Sabina chinensis* (L.) Ant.

科属：柏科圆柏属

识别要点：常绿乔木，树冠尖塔形或圆锥形，老树则呈广卵形，球形或钟形。树皮灰褐色，呈浅纵条剥离，有时呈扭转状。老枝常扭曲状；小枝直立或斜生，亦有略下垂的。叶2型，鳞叶交互对生，先端钝尖；刺叶常3枚轮生，长0.6~1.2 cm，披针形，基部下延，上面微凹，有2条白色气孔带；幼树全为刺叶，老树全为鳞叶，壮年树刺叶与鳞叶并存。雌雄异株，极少同株；球花单生短枝顶端。球果球形，直径6~8 mm，熟时暗褐色，被白粉；种子卵圆形，有棱脊。花期4月，球果翌年10~11月成熟。

生态习性：中性树，喜光又较耐阴；适应性广，耐寒、耐热、耐干旱瘠薄，忌水湿；在酸性、中性、钙质土壤均能生长。深根性，生长速度中等，寿命长，对多种有毒气体有一定的抗性。

观赏特性及园林应用：圆柏树形优美，姿态奇古，既耐修剪又有很强的耐阴性，下枝不易枯，是绿篱或造型树的优良树种，古来多植于庙宇、陵墓做行道树或柏林。圆柏是梨锈病的中间寄主，不宜与梨树近距离栽种。

圆柏幼树

圆柏球果

圆柏鳞叶、刺叶

圆柏壮龄植株

圆柏树干

裸子植物

龙柏

拉丁名：*Sabina chinensis* (L.) Ant. 'Kaizuca'

科属：柏科圆柏属

识别要点：龙柏是圆柏的一个栽培品种，常绿乔木。树冠圆柱状塔形，树皮黑褐色，有条片状剥落。小枝密，呈螺旋状向上扭曲，在枝端常呈密簇状。全为鳞叶，排列紧密。球果蓝绿色，略有白粉。

生态习性：阳性树种，喜光，稍耐阴；喜温暖湿润环境，亦耐寒；抗干旱，忌积水，排水不良时易产生落叶或生长不良；对土壤酸碱度适应性强，稍耐盐碱；对SO_2及Cl_2抗性强，但对烟尘的抗性较差。

观赏特性及园林应用：龙柏侧枝扭转向上，树体似盘龙，姿态优美，叶色四季苍翠。宜丛植或列植，亦可整形成球形或其他形状，或用小苗栽成色块。还可做盆景观赏。

龙柏植株

龙柏果枝

龙柏小枝

科属：罗汉松科竹柏属

识别要点：常绿乔木，树冠宽圆锥形。树皮近平滑，红褐色，枝开展，有棱。叶对生，革质长卵形，卵状披针形或披针状椭圆形，无中脉，具多数并列的细脉，长3.5~10 cm，宽1.2~3 cm，先端渐尖，基部楔形。雄球花穗状，常呈分枝状；雌球花单生叶腋，稀成对腋生，花后苞片不肥大成肉质种托。种子圆球形，直径1~1.8 cm，熟时暗紫色，有白粉，梗长7~12 mm。花期4~5月，种子10月成熟。

生态习性：耐阴性强，喜温暖湿润气候，抗寒性弱；喜深厚、疏松、肥沃的酸性沙壤土，不耐积水；不耐修剪。

观赏特性及园林应用：竹柏枝叶青翠而有光泽，树冠浓郁，树形优美。常丛植于林缘、草地或庭院。

竹柏枝叶

竹柏雄花序

竹柏植株

竹柏种子

23

裸子植物

常用观赏树木彩色图谱

24

科属：罗汉松科罗汉松属

识别要点：常绿乔木。树皮灰褐色，浅纵裂，枝开展。叶革质，长披针形，微弯，长7~16 cm，宽0.9~1.4 cm，上部渐窄，先端渐尖，萌生枝上的叶稍宽，急尖，基部楔形，具短柄，中脉在上面隆起（下面微隆起）或近平。雄球花穗状，单生或2~3个簇生。种子卵圆形，长0.7~1.2 cm，先端钝圆，熟时假种皮红色；种托肉质肥大，成熟时橘红色。花期5月，种子翌年10~11月成熟。

生态习性：中性树种，喜光又较耐阴；喜疏松、肥沃排水水良好的土壤；耐寒性弱。

观赏特性及园林应用：百日青树姿优美，四季常青，成熟种子外形奇特，是优良的庭院观赏树种。宜孤植、对植于厅堂之前，或丛植、群植于草坪边缘和山石坡地。

百日青枝叶

百日青植株

科属：罗汉松科罗汉松属

识别要点：常绿乔木，树冠广卵形。树皮灰色，浅裂。枝较短，开展，密生。叶线状披针形，螺旋状着生，先端渐尖，基部楔形，有短柄，中脉上下两面隆起。雌雄异株，雄球花圆柱状3~5条簇生叶腋；雌球花单生叶腋，有梗，基部有少数钻形苞片。种子卵球形，直径0.8~1.0 cm，熟时紫色，有白粉；种托肉质肥大，成熟时红色、紫色。花期5月，种子10月成熟。

生态习性：中性树种，喜光又较耐阴；喜排水良好的沙质土壤；耐寒性弱；抗病虫害能力较强。寿命长。

观赏特性及园林应用：罗汉松枝叶翠绿，树形优美。宜孤植、对植于厅堂之前，或丛植、群植于草坪边缘和山石坡地，也可做海岸防护林。因耐修剪，园林中也常培养成造型树，或做绿篱和盆景。

短叶罗汉松（var. *maki* Endl.）：为罗汉松之变种。乔木或灌木状。枝条向上伸展。叶短而密生，先端钝圆。

罗汉松雌球花

罗汉松雄球花

罗汉松种子

短叶罗汉松

罗汉松造型植株

25

裸子植物

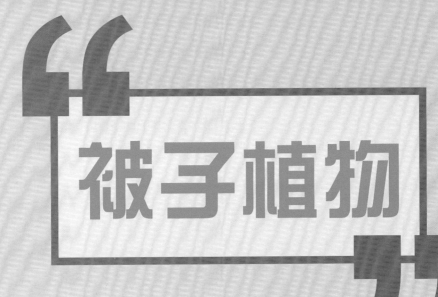

被子植物

杨柳科	Salicaceae	27	加拿大杨
			拉丁名：*Populus × canadensis* Moench

科属： 杨柳科杨属

识别要点： 落叶大乔木，树冠卵圆形。树皮灰褐色，粗糙，纵裂。小枝在叶柄下具3条棱脊。叶片近三角形，先端渐尖，基部截形，边缘半透明，具钝齿，两面无毛；叶柄扁平，带红色，幼时顶端具1~2个腺体。雌雄异株，柔荑花序。蒴果小，成熟时开裂，种子基部有白色丝状长毛。花期4月，果熟期5月。

生态习性： 喜光、耐寒；较耐水涝、盐碱和瘠薄地。萌芽力、萌蘖力均较强。

观赏特性及园林应用： 加拿大杨树体高大，树冠宽阔，叶片大而有光泽，夏季绿荫浓密，适合做行道树、庭荫树及防护林。

加拿大杨植株

加拿大杨树干

加拿大杨枝叶

科属：杨柳科杨属

识别要点：落叶大乔木，树冠长卵形。树皮灰褐色，浅裂。叶片三角形，基部心形，有2~4腺点，叶长略大于宽，叶深绿色，质较厚。叶柄扁平。

生态习性：生长快速，树干挺直。阳性树种；喜温暖环境和湿润、肥沃、深厚的沙质土；对杨树褐斑病和硫化物具有很强的抗性。

观赏特性及园林应用：意杨树干耸立，枝条开展，叶大荫浓，宜做防风林、林荫树和行道树。也可在植物配植时与慢长树混栽，能很快地形成绿化景观，待慢长树长大后再逐步砍伐。

意大利214杨果序

意大利214杨植株

意大利214杨枝叶

意大利214杨蒴果

意大利214杨叶片

被子植物

杨柳科	Salicaceae	29	垂柳 拉丁名：*Salix babylonica* L.

科属：杨柳科柳属

识别要点：落叶乔木，树冠卵形。树皮灰褐色，深裂。小枝无毛，细长下垂。单叶互生，狭长披针形，缘有细锯齿，上面绿色，下面灰绿色。雌雄异株，柔荑花序先叶开放，雄花序长1~2 cm；雌花序长达2~3 cm。蒴果，成熟时2裂。种子细小，外被白色长毛。花期3月，果熟期4月。

生态习性：喜光；喜温暖湿润气候，亦较耐寒；耐水湿。萌芽力强，生长迅速。

观赏特性及园林应用：垂柳枝条细长下垂，婀娜多姿，叶春季嫩绿，夏季碧绿，秋季金黄，且春季发芽早，冬季落叶迟，是著名的观树形、观叶树种。常植于水边，也可做行道树和护堤树。

垂柳雄花序

垂柳果序

垂柳植株

垂柳树干

科属：杨柳科柳属

识别要点：落叶乔木。树皮纵裂。幼枝被毛，后无毛。单叶互生，椭圆形、椭圆状披针形或长圆形，长4~8 cm，宽1.5~3.5 cm，先端渐尖，基部楔形，上面绿色，下面淡绿色，两面无毛，幼时脉上有短柔毛，边缘有整齐的锯齿；叶柄长0.7~1.2 cm，被短柔毛，上端有腺点或无；萌枝上的托叶发达，肾形或偏心形。花叶同放。雄花序长3.5~6 cm，直径约6 mm；花序梗长1~2 cm，有3~6片小叶，轴有柔毛；雄蕊3~6；苞片卵形，两面基部有柔毛。雌花序长2~5 cm，直径约5 mm；子房无毛，有长柄，花柱短，柱头2裂。蒴果卵圆形，长3~7 mm。花期3月下旬至4月上旬，果熟期5月。

生态习性：喜光，略耐阴；喜温暖湿润气候，亦较耐寒；极耐水湿。萌芽力强。

观赏特性及园林应用：南川柳枝繁叶茂，黄绿色柔荑花序与叶同时开放，别有风味。可片植于溪边、河岸；亦可培育成优良的园林观赏树种，以营建典型的江南景观。

南川柳枝叶

南川柳叶背有白粉

南川柳花序

南川柳树干

杨柳科	Salicaceae	31	花叶杞柳（花叶柳、彩叶杞柳） 拉丁名：*Salix integra* Thunb. 'Hakuro Nishiki'

科属：杨柳科柳属

识别要点：落叶灌木。无明显主干，自然状态下呈灌丛状。小枝无毛。叶近对生或对生，萌枝叶有时3叶轮生，椭圆状长圆形，长2~5 cm，先端短渐尖，基部圆或微凹，全缘或上部有尖齿，幼叶带红褐色，有粉白色斑点，老叶上面暗绿色，下面苍白色，中脉褐色，两面无毛；叶柄短或近无柄而抱茎。花先叶开放，花序对生，稀互生，长1~2(2.5)cm，基部有小叶；苞片倒卵形，被柔毛，稀无毛；腺体1，腹生；雄蕊2，花丝合生，无毛，花药红紫色；子房长卵圆形，有柔毛，几无柄，花柱短，柱头小，2~4裂。蒴果长2~3 mm，有毛。花期5月，果期6月。

生态习性：喜光，略耐阴；喜温暖湿润气候，亦较耐寒；耐水湿，也耐旱；对土壤要求不严，主根深，侧根须根广布于各土层中，能起到很好的固土作用。

观赏特性及园林应用：春季叶色非常美，观赏价值高。可用做绿篱或河道、公路、铁路两侧的绿化美化，也可丛植于草地或水边。

花叶杞柳植株

花叶杞柳枝叶

花叶杞柳雄花序、叶

花叶杞柳嫩叶

科属：杨梅科杨梅属

识别要点：常绿乔木，树冠球形。树皮灰色，幼时平滑，老则浅纵裂。单叶互生，常集生于枝顶，倒披针形，先端较钝，基部狭楔形，全缘或在端部有浅锯齿，表面深绿色，背面色稍淡，有金黄色腺鳞，无托叶。雌雄异株，雄花序单生或数条簇生于叶腋，圆柱形，紫红色；雌花序卵形或球形，仅先端1~2朵能发育成果实，核果球形，表面具乳头状突起，熟时深红色、紫红色或乳白色，多汁。花期1~2月，果熟期6~7月。

生态习性：中性树，稍耐阴，不耐烈日直射；喜温暖湿润气候及酸性而排水良好之土壤，中性及微碱性土上也可生长；不耐寒。深根性，萌芽力强。

观赏特性及园林应用：杨梅枝叶繁茂，树冠圆整，初夏红果累累，是园林绿化结合生产的优良树种。可丛植于草坪、庭院，或列植于路边；也可密植用来分隔空间或起遮蔽作用。果实酸甜适中，既可生食，又可加工成杨梅干及蜜饯等，还可酿酒。

杨梅雌花序

杨梅果实

杨梅雄花序

杨梅植株

胡桃科	Juglandaceae	**33**	枫杨
			拉丁名：*Pterocarya stenoptera* C.DC.

科属： 胡桃科枫杨属

识别要点： 落叶乔木，树冠广卵形。树皮灰色，幼时平滑，老则深纵裂。冬芽裸露，密被锈褐色腺鳞，有叠生副芽。偶数稀奇数羽状复叶，叶轴具窄翅；小叶通常10~16枚，叶片长椭圆形或长圆状披针形，先端短尖或钝，基部偏斜，边缘有细锯齿，上面深绿色，有细小腺鳞，下面有稀疏腺鳞，沿脉有褐色毛，脉腋具簇毛。雌雄同株，雄花序生于去年生枝的叶痕腋部，雌花序生于新枝顶。果序长20~45 cm，坚果具2斜上伸展的翅，翅革质，长圆形至长椭圆状披针形。花期4月，果熟期8~9月。

生态习性： 阳性，喜光，稍耐阴；喜温暖湿润环境，较耐寒；对土壤要求不严，耐水湿；深根性，生长快，萌芽力强；较耐烟尘和有毒气体。

观赏特性及园林应用： 枫杨枝叶繁茂，生长迅速，适应性强。可做庭荫树、行道树、护岸固堤树及营造防风林，亦适合工厂绿化用。

枫杨果序

枫杨花序

枫杨叶片

枫杨成熟果

枫杨树干

枫杨植株

科属：壳斗科栗属

识别要点：落叶乔木。树冠扁球形。树皮灰褐色，不规则深纵裂，幼枝被灰褐色绒毛，无顶芽。叶片长椭圆形至长椭圆状披针形，长8~20 cm，宽4~7 cm，先端短渐尖，基部圆形或宽楔形，齿端有芒状尖头，下面被灰白色星状短绒毛，叶柄长1~2 cm。雄花序直立，雌花生于雄花序的基部，常3朵集生于一总苞。壳斗球形或扁球形，连刺直径3~8 cm，密被长针刺，内有坚果2~3颗，暗褐色。花期5~6月，果熟期9~10月。

生态习性：阳性，南北方品种耐寒能力差异较大。北方品种耐寒、耐旱；南方品种则喜温暖而不怕炎热，但耐寒、耐旱性较差。对土壤要求不严，以土层深厚湿润、排水良好，富含有机质的沙壤土或沙质土为最好，喜微酸性或中性土壤。

观赏特性及园林应用：板栗树冠圆广，枝茂叶大，可在公园草坪孤植或群植，也可做山区绿化造林和水土保持树种。板栗果实营养丰富，美味可口，富含淀粉和糖，是绿化结合生产的良好树种。

板栗幼果

板栗果枝

板栗树干

板栗雄花序

被子植物

壳斗科	Fagaceae	**35**	苦槠
			拉丁名：*Castanopsis sclerophylla* (Lindl.) Schott

科属：壳斗科栲属

识别要点：常绿乔木，树冠圆球形。树皮暗灰色，纵裂，小枝绿色，无毛，常有棱沟。叶片长椭圆形，长7~14 cm，宽2~6 cm，先端短尖至狭长渐尖，基部宽楔形至近圆形，边缘中部以上疏生锐锯齿，下面银灰绿色，两面无毛，侧脉10~14对，叶柄长1.5~2.5 cm。雄花序穗状，直立；雌花单生于总苞内。壳斗深杯形，几乎全包坚果或包围坚果的3/5~4/5，成熟时不规则开裂，直径1.2~1.5 cm，苞片鳞状三角形，顶端针刺形，紧密排列成连续的4~6环；坚果单生，近球形，直径1.1~1.4 cm。花期4~5月，果熟期10~11月。

生态习性：阳性，能耐阴；喜深厚、湿润之中性和酸性土，亦耐干旱和瘠薄。深根性，萌芽性强，生长速度中等偏慢，寿命长，对SO_2等有毒气体抗性强。

观赏特性及园林应用：苦槠枝繁叶茂，树冠浑圆，可孤植、丛植于草坪，亦可于山麓坡地成片栽植，构成以常绿阔叶树为基调的风景林，或作为花木的背景树。又因抗毒、防尘、隔声及防火性能好，适宜用做工厂绿化和防护林带。

苦槠幼果枝

苦槠植株

苦槠树干

苦槠花序

科属：壳斗科石栎属

识别要点：常绿乔木，树冠半球形。树皮青灰色，不裂，小枝密生灰黄色绒毛。叶片长椭圆状披针形，长7~12 cm，宽2.5~4 cm，先端渐尖，基部楔形，全缘或近顶端两侧各具1~3锯齿，下面被灰白色蜡质，中脉在上面微凸，侧脉6~8对，叶柄长1~1.5 cm。柔荑花序直立，雄花序轴有短绒毛。果序轴细于其着生的小枝。壳斗浅碗状，包围坚果的基部；坚果卵形或椭圆形，长1.4~2 cm，直径1~1.5 cm，有光泽，略被白粉，果脐内陷。花期8~9月，果熟期翌年9~10月。

生态习性：阳性，稍耐阴；喜温暖气候及深厚、湿润土壤，亦耐干旱和瘠薄。萌芽性强。

观赏特性及园林应用：石栎枝繁叶茂，绿荫深浓，宜做庭荫树。可孤植、丛植于草坪，或在山坡成片栽植，或作为花木的背景树。

石栎枝叶

石栎果序

被子植物

壳斗科	Fagaceae	**37**	东南石栎
			拉丁名：*Lithocarpus harlandii* (Hance) Rehd

科属：壳斗科石栎属

识别要点：常绿乔木。小枝具沟槽，有棱脊，无毛，无蜡质鳞秕。芽圆锥形，有长柔毛。叶片硬革质，无毛，长椭圆形，长椭圆状披针形，长12~14 cm，宽2.5~6 cm，先端渐尖或钝尖，基部楔形，下面淡绿色，全缘，侧脉9~12对，叶柄长1~2.5 cm。雄花序分枝为圆锥状，花序轴密被灰黄色短细毛，雌花序不分枝。壳斗浅盘形，苞片三角形，背部有纵脊隆起；坚果卵形或近球形，密集，直径1.6~2 cm，无毛，基部与壳斗愈合，果脐内陷，直径12 mm。花期9~10月，果翌年10~11月成熟。

生态习性：阳性，稍耐阴；喜温暖气候及深厚、湿润土壤。

观赏特性及园林应用：东南石栎植株挺拔，枝叶繁茂，宜做庭荫树。可孤植、丛植于草坪，或在山坡成片栽植，或作为花木的背景树。

东南石栎树干

东南石栎植株

东南石栎小枝

东南石栎花序

东南石栎果序

科属：壳斗科栎属

识别要点：常绿灌木或小乔木，小枝纤细，灰褐色，幼时有短绒毛，后渐无毛。叶片革质，椭圆形或倒卵状椭圆形，先端短尖或短渐尖，基部近圆形或浅心形，叶缘中部以上具疏齿，两面同为绿色，中脉基部有褐色星状绒毛，侧脉9~11对，纤细，不显；叶柄粗短，长3~5 mm，被褐色星状绒毛。雄花序为下垂柔荑花序，纤细，生于当年生枝下部。壳斗杯形，包着坚果1/2~2/3，小苞片三角形覆瓦状排列紧密；坚果卵状椭圆形至长椭圆形，长1.5~1.8 cm，直径0.8~1 cm，果脐平坦或微突起。花期3~4月，果翌年4~10月成熟。

生态习性：喜温暖、湿润环境；对土壤适应能力强。萌蘗性强、再生性强，有较强的抗病虫害能力。

观赏特性及园林应用：乌冈栎四季常绿，枝繁叶茂，可做独赏树、行道树、绿篱及盆景等。

乌冈栎果实

乌冈栎枝叶

乌冈栎雄花序

乌冈栎植株

被子植物

壳斗科	Fagaceae	**39**	栓皮栎

拉丁名：*Quercus variabilis* Blume

科属： 壳斗科栎属

识别要点： 落叶乔木，树冠广卵形。树皮灰褐色，深纵裂，木栓层特厚。小枝淡褐黄色，无毛；冬芽圆锥形。叶长椭圆形或长椭圆状披针形，先端渐尖，基部楔形，缘有芒刺状锯齿，背面被灰白色星状毛。雄花序为下垂柔荑花序，生于当年生枝下部，雌花单生或双生于当年生枝叶腋。壳斗碗状，包围坚果2/3以上，苞片钻形，反曲；坚果近球形，顶端圆而微凹，有短细毛，果脐突起。花期5月，果翌年10月成熟。

生态习性： 喜光，但幼树以有侧方庇荫为好；耐寒性强；在微酸性、中性及石灰质土壤中均能生长，亦耐干旱、瘠薄；不耐积水。抗旱、抗风力强，但不耐移植。萌芽力强，易天然萌芽更新。寿命长。

观赏特性及园林应用： 栓皮栎树干通直，树冠雄伟，绿荫如盖，秋季叶色转为橙褐色，季相变化明显，是良好的绿化观赏树种。宜孤植、丛植，或与其他树混交成林。因根系发达，适应性强，树皮不易燃烧，又是营造防风林、水源涵养林及防火林的优良树种。

栓皮栎植株

栓皮栎枝叶

栓皮栎叶背

栓皮栎果枝

栓皮栎树干

科属：壳斗科栎属

识别要点：落叶乔木。树冠卵形，树皮交错深纵裂；小枝黄褐色，幼时有毛，后脱落。叶长椭圆状披针形，先端渐尖，基部近圆形，缘有芒状锐锯齿，背面绿色，无毛或近无毛。壳斗碗状，包围坚果约1/2，生于新枝下部的叶腋；苞片钻形，反曲；坚果近球形，长1.5~2 cm，直径1.5~2.1 cm，顶端平或中央凹陷，有短微毛，果脐大而隆起。花期5月，果翌年9~10月成熟。

生态习性：喜光，喜湿润气候，耐寒；耐旱；对土壤要求不严，但不耐盐碱土，以深厚、肥沃、湿润而排水良好的中性至微酸性土为佳。深根性，萌芽力强。生长速度中等，寿命长。

观赏特性及园林应用：麻栎树干通直，树冠雄伟，秋季叶色转为褐色，是良好的绿化观赏树种。宜孤植、丛植，或与其他树混交成林。

麻栎树干

麻栎果实

麻栎枝叶

麻栎植株

麻栎枝叶

41

被子植物

壳斗科	Fagaceae	41	白栎

拉丁名：*Quercus fabri* Hance

科属：壳斗科栎属

识别要点：落叶乔木。小枝密生灰色至灰褐色绒毛。叶倒卵形至椭圆状倒卵形，先端钝或短渐尖，基部楔形至窄圆形，缘有波状粗钝齿，背面灰白色，密被星状毛，网脉明显，侧脉8~12对；叶柄短，仅3~5 mm，被褐黄色绒毛。壳斗碗状，包围坚果约1/2，苞片卵状披针形，排列紧密，在壳斗边缘处稍伸出；坚果长椭圆形，长1.5~1.8 cm，直径0.8~1 cm，果脐隆起。花期5月，果10月成熟。

生态习性：喜光，喜温暖气候；耐干旱瘠薄，但在肥沃、湿润处生长最好。萌芽力强。生长速度中等。

观赏特性及园林应用：白栎秋季叶色转为红褐色，是良好的绿化观赏树种。宜孤植、丛植，或与其他树混交成林。

白栎果实

白栎叶片

白栎花序

白栎植株

白栎树干

科属：壳斗科青冈属

识别要点：常绿乔木，树冠长圆形或倒卵形。树皮平滑不裂；小枝青褐色，无棱，幼时有毛，后脱落。叶长椭圆形或倒卵状长椭圆形，先端渐尖，基部广楔形，边缘上半部有疏齿，背面灰绿色，有平伏毛，网脉明显，侧脉8~12对；叶柄长1~2.5 cm。壳斗单生或2~3个集生，碗形，包围坚果1/3~1/2，苞片合生成5~8条同心环带，环带全缘；坚果卵形，无毛，果脐微隆起。花期4~5月，果9~10月成熟。

生态习性：喜温暖多雨气候，较耐阴；喜钙质土，常生于石灰岩山地，在排水良好、腐殖质深厚的酸性土壤上亦生长很好。生长速度中等。萌芽力强，耐修剪；深根性。抗有毒气体能力较强。

观赏特性及园林应用：青冈栎枝叶茂密，树姿优美，终年常青，是良好的绿化、观赏及造林树种。宜孤植、丛植、群植或与其他常绿树混交成林。又因萌芽力强、具有较好的抗有毒气体、隔音和防火能力，可用做绿篱、绿墙、厂矿绿化、防风林、防火林等。

青冈栎植株

青冈栎果实

青冈栎雄花序

43

被子植物

榆科	Ulmaceae	**43**

白榆（榆树）
拉丁名：*Ulmus pumila* Linn

科属：榆科榆属

识别要点：落叶乔木，树冠近圆球形。树干直立，枝条开展。树皮暗灰色，纵裂粗糙；小枝灰色，有毛。叶片椭圆状卵形或椭圆状披针形，先端短尖或渐尖，基部歪斜，一边楔形，一边圆形，边缘有重锯齿或单锯齿，上面无毛，下面脉腋具簇毛，侧脉9~14对；叶柄长2~8 mm。无毛或有疏毛。花先叶开放，簇生于上一年生枝的叶痕腋部。翅果近圆形或倒卵状圆形，先端有缺口，长1~1.5 cm，无毛，果核位于翅果中央，不与缺口相接，翅薄，膜质，果梗长约2 mm。花期3~4月，果熟期4月。

生态习性：阳性树种，喜光，耐寒；适应性强，耐干旱，在石灰质冲积土及黄土上生长迅速，在低湿、贫瘠和盐碱地上也能生长。主根深，侧根发达，抗风、保土力强；萌芽力强，耐修剪；抗烟尘与多种有毒气体；虫害较多，应注意及早防治。

观赏特性及园林应用：白榆树干通直，树体高大，叶茂荫浓，适应性强，在园林中常做庭荫树、行道树。也是营造防风林、水土保持林和盐碱地造林的主要树种。还是常见的盆景材料。

白榆植株

白榆树干

白榆枝叶

白榆翅果

科属：榆科榆属

识别要点：落叶乔木；树冠宽球形。树皮灰褐色，不规则鳞片状剥落，露出红褐色或绿褐色内皮；小枝红褐色，被柔毛。叶片窄椭圆形或卵形或倒卵形，先端短尖或略钝，基部歪斜，缘有单锯齿，幼树及萌蘖枝之叶为重锯齿，上面无毛，有光泽，下面幼时被毛；叶柄长2~6 mm。花秋季开放，簇生于当年生枝叶腋。花萼4裂至基部或近基部。翅果椭圆形或卵形，长0.9~1.2 cm，果核位于翅果中央，果梗纤细，长3~4 mm。花期9月，果熟期10月。

生态习性：阳性树种，喜光，稍耐阴；喜温暖气候，亦较耐寒；喜肥沃、湿润土壤，也有一定的耐干旱瘠薄能力，在酸性、中性和石灰性土壤的山坡、平原及溪边均能生长。生长速度中等，寿命较长。深根性，萌芽力强。对SO_2等有毒气体及烟尘的抗性较强。

观赏特性及园林应用：榔榆树形优美，姿态潇洒，树皮斑驳，枝叶细密，具有很高的观赏价值。可做庭荫树、行道树，或在庭院中孤植、丛植或与山石配植。因抗性较强，还可做厂矿区绿化树种。还是良好的盆景制作材料。

榔榆翅果

榔榆叶背

榔榆植株

榔榆树干

榔榆枝叶

被子植物

| 榆科 | Ulmaceae | **45** | 榉树
拉丁名：*Zelkova schneideriana* Hand.-mazz. |

科属： 榆科榉树属

识别要点： 落叶乔木，树冠倒卵状伞形。树干通直，树皮深灰色，不裂，老时薄鳞片状剥落后仍光滑。小枝有毛。单叶互生，叶卵状长椭圆形，先端尖，基部广楔形，缘有近桃形整齐单锯齿；羽状脉，侧脉10~14对，直伸齿尖，上面粗糙，具脱落性硬毛，下面密生淡灰色柔毛。花单性同株，雄花簇生于新枝下部，雌花单生或簇生于新枝上部。坚果小而歪斜，有果肋。花期3~4月，果熟期10~11月。

生态习性： 喜光，喜温暖气候；喜肥沃、湿润土壤，在酸性、中性和石灰性土壤上均能生长。忌积水，也不耐干旱、瘠薄。生长速度中等，寿命较长。深根性，侧根发达，抗风力强。耐烟尘、抗有毒气体。抗病虫害能力较强。

观赏特性及园林应用： 榉树树干通直，树形优美，枝叶细密，秋季树叶变成红褐色，观赏价值极高。可在园林中孤植、丛植、列植。同时也是行道树、宅旁绿化厂矿区绿化及营造防风林的理想树种。还是良好的盆景制作材料。

榉树果枝

榉树植株

榉树树干

榉树树叶

科属：榆科糙叶树属

识别要点：落叶乔木，树冠圆球形。树干通直，树皮黄棕色，老时纵裂。小枝被平伏硬毛，后脱落。单叶互生，叶卵形或椭圆状卵形，先端渐尖或长渐尖，基部近圆形或宽楔形，叶片基部以上有细尖单锯齿；三出脉，侧脉直伸齿尖，上下两面有平伏硬毛。花单性同株，雄花排成伞房花序，生于新枝基部叶腋；雌花单生于新枝上部叶腋。核果近球形，径约8 mm，熟时黑色，密被平伏硬毛。花期4~5月，果熟期10月。

生态习性：喜光，略耐阴；喜温暖湿润气候及肥沃、湿润而深厚的酸性土壤。寿命长。深根性。

观赏特性及园林应用：糙叶树树冠开展，枝叶茂密，是良好的庭荫树及谷地、溪边绿化树种。

糙叶树叶背

糙叶树果枝

糙叶树植株

糙叶树树干

47

被子植物

榆科	Ulmaceae	**47**	珊瑚朴 拉丁名：*Celtis julianae* Schneid.

科属：榆科朴属

识别要点：落叶乔木，树冠圆球形。树皮灰色，平滑。小枝、叶背、叶柄均密被黄褐色绒毛。单叶互生，叶较宽大，广卵形、卵状椭圆形或倒卵状椭圆形，先端短渐尖或突短尖，基部近圆形，叶片中部以上具钝锯齿；三出脉，侧脉弧曲向上，不伸入齿尖；叶面稍粗糙；叶柄长5~13 mm。花杂性同株，雄花生于新枝下部；两性花单生于新枝上部叶腋。核果卵球形，长1~1.5 cm，熟时橙红色，无毛。花期4月，果熟期10月。

生态习性：喜光，略耐阴；喜温暖气候及湿润、肥沃土壤，但亦能耐干旱和瘠薄，在微酸性、中性及石灰性土壤上都能生长。深根性，抗烟尘及有毒气体，少病虫害，较能适应城市环境。生长速度中等偏快，寿命长。

观赏特性及园林应用：珊瑚朴树干通直，树姿开展，春日枝上生满红褐色花序，状如珊瑚，入秋又有红果，观赏价值颇高。在园林绿地中栽做庭荫树及观赏树，孤植、丛植、列植均可。亦可做厂矿区绿化及四旁绿化树种。

珊瑚朴叶片

珊瑚朴植株

珊瑚朴果枝

珊瑚朴树干

科属：榆科朴属

识别要点：落叶乔木；树冠扁球形。树皮褐灰色，粗糙而不裂。小枝纤细，密被毛。单叶互生，叶片广卵形、卵状长椭圆形，先端急尖，基部圆形偏斜，边缘中部以上具疏而浅锯齿；三出脉，侧脉弧曲向上，不伸入齿尖；叶上面无毛，有光泽，下面叶脉及脉腋疏生毛，网脉隆起；叶柄长5~10 mm，被柔毛。花杂性同株，雄花生于新枝下部；两性花单生或2~3朵并生于新枝上部叶腋。核果近球形，直径4~6 mm，熟时红褐色。花期4月，果熟期9~10月。

生态习性：喜光，略耐阴；喜温暖气候及湿润、肥沃、深厚至中性黏质壤土，能耐轻盐碱土。深根性，抗风力强。抗烟尘及有毒气体。寿命较长。

观赏特性及园林应用：朴树树形美观，树冠宽广，绿树浓荫，是城乡绿化的重要树种。最宜做庭荫树、行道树，亦可做厂矿区绿化及防风、护堤树种。也是盆景制作的好材料。

朴树树干

朴树果实

朴树小枝和叶片

朴树植株

朴树花朵

朴树果枝

被子植物

| 桑科 | Moraceae | **49** | 桑
拉丁名：*Morus alba* Linn. |

科属： 桑科桑属

识别要点： 落叶乔木，树冠倒广卵形。树皮灰褐色；根鲜黄色。单叶互生，卵形或卵圆形，先端尖，基部圆形或心形，锯齿粗钝，幼树之叶有时分裂，表面光滑，有光泽，背面脉腋有簇毛。雌雄同株或异株，雌雄花均呈柔荑花序；花被4片，花柱极短或无，柱头2枚，宿存；雄蕊4枚。聚花果长圆形至圆柱形，熟时红黑色、红色或白色，味甜多汁。花期4月，果熟期5~6月。

生态习性： 喜光，喜温暖，适应性强，耐寒，耐干旱瘠薄和水湿，在微酸性、中性、石灰质和轻盐碱土壤上均能生长。深根性，根系发达，抗风力强；耐修剪，易更新。生长速度较快，寿命中等。对H_2S、SO_2等有毒气体抗性很强。

观赏特性及园林应用： 桑树树冠开阔，枝叶茂密，秋季树叶变黄，观赏价值较高。可在城乡绿地中孤植、丛植、列植。我国古代常在房前屋后栽植桑树和梓树，故常把"桑梓"代表家乡。

桑树植株

桑未成熟果实

桑雄花序

桑雌花序

桑雌花序和雄花序

桑树干

科属: 桑科构属

识别要点: 落叶乔木。树皮浅灰色，平滑；小枝密被丝状刚毛。单叶互生，有时在枝顶近对生，卵形，先端渐尖，基部圆形或心形，缘有锯齿，不裂或有不规则2~5浅裂，幼枝或小树叶分裂更为显著，上面暗绿色，具糙伏毛，下面灰绿色，密被绒毛。花单性，雌雄异株，雄花呈柔荑花序；雌花呈头状花序。由多数小核果组成的聚花果球形，熟时橙红色。花期4~5月，果熟期8~9月。

生态习性: 喜光；适应性强，耐寒，耐热；耐干旱瘠薄和水湿；喜钙质土，也可在酸性、中性土上生长。根系较浅，但侧根分布很广。生长速度快，萌芽力强。对烟尘及有毒气体抗性很强，少病虫害。

观赏特性及园林应用: 构树枝叶茂密且抗性强，生长快，繁殖容易，是城乡绿化的重要树种，尤其适合工矿企业及荒山坡地绿化，亦可选做庭荫树及防护林用。

构树果实

构树植株

构树枝叶

构树树干

构树未成熟果实

被子植物

| 桑科 | Moraceae | 51 | 柘树 |

拉丁名：*Cudrania tricuspidata* (Carr.) Bur. ex Lavall.

科属： 桑科柘属

识别要点： 落叶乔木，常呈灌木状。树皮灰褐色，薄片状剥落；小枝常有枝刺，老枝叶痕常凸起如枕。单叶互生，卵形至倒卵形，先端尖或钝，基部圆或楔形，全缘或有时3裂，上面深绿色，下面淡绿色，密被绒毛。花单性，雌雄异株，头状花序，腋生。聚花果球形，熟时橘红色或橙黄色，表面微皱缩。花期6月，果熟期9~10月。

生态习性： 喜光；耐干旱瘠薄，喜钙质土。生长速度慢，萌芽力强。

观赏特性及园林应用： 柘树秋季果实累累，可做绿篱、荒山绿化及水土保持树种。

柘树植株

柘树枝刺及叶片

柘树果实

柘树枝叶

柘树果枝

无花果植株

科属：桑科榕属

识别要点：落叶小乔木，或呈灌木状。树皮灰褐色，有显著皮孔；小枝粗壮。单叶互生，卵圆形或宽卵形，掌状3~5裂，稀不裂，裂片卵形，边缘有不规则圆钝齿，上面粗糙，下面密生细小乳头状突起及黄褐色短柔毛，基部浅心形。隐头花序单生叶腋，隐花果大，梨形，顶部下陷，成熟时呈紫红色或黄色。果熟期7~8月。

生态习性：喜光；喜温暖湿润气候，不耐寒；对土壤要求不严，在酸性、中性和石灰性土上均可生长，以肥沃的沙质壤土栽培最宜。生长较快。

观赏特性及园林应用：无花果叶形美观，果实可食用，常在庭院及城市绿地中应用。

无花果隐头果切开

无花果果枝

被子植物

桑科　Moraceae　**53**

薜荔

拉丁名：*Ficus sarmentosa* var. *henry* (King ex D.Oliv.)

科属：桑科榕属

识别要点：常绿木质藤本，有乳汁。以气生根攀援于墙壁或树上。单叶互生，叶2型：营养枝上的叶片小而薄，心状卵形；果枝上的叶片较大，革质，卵状椭圆形，先端钝，全缘，上面无毛，下面有短柔毛，网脉隆起。隐头花序具短梗，单生叶腋，雄花和瘿花生于同一椭圆形隐头花序中，雌花生于梨形隐头花序中。隐头果长约5 cm，直径约3 cm。花期5~6月，果熟期9~10月。

生态习性：喜温暖湿润气候；耐阴，耐旱，不耐寒；在酸性、中性土上均可生长。

观赏特性及园林应用：薜荔攀爬能力强，在园林中可用来点缀假山石，或作为墙垣绿化、树干美化的材料。

薜荔应用

19.08.2004
薜荔果实

薜荔叶片

拉丁名：*Ficus sarmentosa* var. *henryi* (King ex D.Oliv.) Corner.

科属：桑科榕属

识别要点：常绿木质藤本，有乳汁。以气生根攀援于墙壁或树上。幼枝密被褐色长柔毛，后变无毛。单叶互生，革质，椭圆形或营养枝上叶卵状椭圆形，先端渐尖或尾尖，基部圆形或宽楔形，全缘或微波状，上面无毛，下面密被褐色柔毛，网脉隆起。隐头花序单生或成对着生，无梗或有短梗。隐花果卵圆形或圆锥形，顶端尖，长1.2~2 cm，直径1~1.5 cm。花期4~5月，果熟期8月。

生态习性：喜温暖湿润气候；较耐阴，耐旱，不耐寒；在酸性、中性土上均可生长。

观赏特性及园林应用：同薜荔。

珍珠莲叶背

珍珠莲植株

珍珠莲果枝

被子植物

毛茛科 Ranunculaceae **55**

牡丹
拉丁名：*Paeonia suffruricosa* Andr.

科属：毛茛科芍药属

识别要点：落叶小灌木。茎短而粗壮，皮黑灰色。叶互生，通常为二回三出复叶，偶尔近枝顶的叶为3小叶；顶生小叶宽卵形，3裂至中部，裂片上部3浅裂或不裂；侧生小叶片狭卵形或斜卵形，不等的2~3浅裂或不裂，近无柄；叶上面绿色，下面淡绿色，有时具白粉。花单生枝顶，大型，直径10~30 cm，花型有单瓣型、荷花型、菊花型、蔷薇型、托桂型、金环型、皇冠型、绣球型、楼子台阁型、菊花台阁型、蔷薇台阁型、皇冠台阁型、绣球台阁型等12个花型；花色丰富，有紫、深红、粉红、黄、白、豆绿等色。心皮5片，离生。聚合蓇葖果成熟时开裂，具数枚大粒种子。花期4~5月，果熟期9月。

生态习性：喜温暖而不耐酷热，较耐寒；喜光但夏季忌暴晒，以在弱阴下生长最好，但品种间有差异。牡丹为深根性的肉质根，喜深厚肥沃、排水良好、略带湿润的沙质壤土，最忌黏土及积水之地；较耐碱。

观赏特性及园林应用：牡丹花大且美，色香俱佳，故有"国色天香"之美誉。在园林中常做专类园或植于花台、花池内观赏，也可自然式孤植或丛植于岩石旁、草坪边或配植于庭院。此外，也可盆栽供室内观赏或做切花。

牡丹花

牡丹花

牡丹植株

牡丹花

牡丹花

牡丹花

科属：小檗科十大功劳属

识别要点：常绿灌木。树皮灰色，木质部黄色。一回奇数羽状复叶互生，叶柄基部扁呈鞘状抱茎，叶轴具膨大关节；小叶5~9枚，长椭圆状披针形至披针形，无柄，革质，有光泽，缘有刺齿6~13对，各侧生小叶近等长，顶生小叶最大。总状花序4~8条簇生，花黄色。浆果卵圆形至长圆形，长4~5 mm，熟时蓝黑色，外被白粉。花期7~9月，果熟期10~11月。

生态习性：中性，喜光，较耐阴；喜温暖气候及肥沃、湿润、排水良好之土壤，耐旱，稍耐湿，稍耐寒。萌蘖力强，抗SO_2，易患白粉病。

观赏特性及园林应用：十大功劳枝叶茂密，黄花成簇，是园林中花境、花篱的好材料，常植于庭院、林缘及草地边缘，或做绿篱及基础种植，也可用于工矿企业绿化。

十大功劳花枝

十大功劳枝叶

十大功劳叶片

十大功劳枝条

十大功劳植株

被子植物

安坪十大功劳花序

安坪十大功劳枝叶

科属：小檗科十大功劳属

识别要点：常绿灌木。树皮灰褐色，有槽纹；木质部鲜黄色。一回奇数羽状复叶互生，叶柄基部扁呈鞘状抱茎，叶轴具膨大关节；小叶9~17枚，卵状椭圆形至狭披针形，革质，先端长渐尖，基部楔形，每边中部以上疏生2~5刺状锯齿，上面深绿色，下面淡绿色，侧生小叶具短柄至近无柄。总状花序3~7条簇生，花黄色。浆果倒卵形，长约7 mm，熟时蓝黑色，外被白粉，顶端宿存盘状柱头，几无花柱。花期7~11月，果熟期12月至翌年5月。

生态习性：中性，喜光，较耐阴；喜温暖气候及肥沃、湿润、排水良好之土壤，耐旱，稍耐湿，稍耐寒。萌蘖力强。

观赏特性及园林应用：安坪十大功劳枝叶茂密，生长旺盛，黄花成簇，是园林中花境、花篱的好材料，常植于庭院、林缘及草地边缘，或做绿篱及基础种植，也可用于工矿企业绿化。

安坪十大功劳植株

科属：小檗科十大功劳属

识别要点：常绿灌木。树皮黄褐色，木质部黄色。一回奇数羽状复叶互生，叶柄基部扁呈鞘状抱茎，叶轴具膨大关节；小叶7~15枚，卵形或椭圆状卵形，无柄，厚革质，有光泽，先端渐尖，基部近圆形或宽楔形，有时浅心形，缘有刺齿2~8对，侧生小叶大小不等，自基部向上逐渐增大，顶生小叶较宽大。总状花序直立，6~9条簇生，花黄色，有香气。浆果卵形或卵圆形，长约10 mm，直径6~10 mm，熟时蓝黑色，外被白粉。花期2~3月，果熟期5月。

生态习性：中性，喜光，耐半阴；不耐严寒；对土壤要求不严，适应性强。萌蘖力强。

观赏特性及园林应用：阔叶十大功劳叶形奇特美丽，早春黄花成簇，宜与山石配植，也宜丛植、群植于林缘、墙边等。

阔叶十大功劳叶

阔叶十大功劳植株

阔叶十大功劳花

阔叶十大功劳果枝

被子植物

| 小檗科 | Berberidaceae | **59** | 小果十大功劳
拉丁名：*Mahonia bosinieri* Gagnep. |

小果十大功劳植株

科属：小檗科十大功劳属

识别要点：常绿灌木。树皮黄褐色，木质部黄色。一回奇数羽状复叶互生，叶柄基部扁呈鞘状抱茎，叶轴具膨大关节；小叶11~23枚，椭圆状卵形或披针形，无柄，厚革质，有光泽，先端渐尖并具锐刺，侧生小叶基部偏斜，圆形至截形，顶生小叶基部圆形，缘有刺齿4~8对，顶生小叶与侧生小叶近等大。总状花序下垂，常10条以上簇生，花黄色，有香气。浆果卵形或卵圆形，长约10 mm，直径6~10 mm，熟时暗紫色，外被白粉。花果期8~11月。

生态习性：中性，喜光，耐半阴。不耐严寒，对土壤要求不严，适应性强。萌蘖力强。

观赏特性及园林应用：小果十大功劳叶形秀美，宜与山石配植，也宜丛植、群植于林缘、墙边等。

小果十大功劳叶片

小果十大功劳叶片

科属：小檗科南天竹属

识别要点：常绿灌木。茎常丛生而少分枝，茎皮幼时常呈红色，老后呈灰色。2~3回奇数羽状复叶互生，叶柄基部常呈鞘状抱茎，叶轴具膨大关节；小叶薄革质，椭圆状披针形，先端渐尖，基部楔形，全缘，近无小叶柄。花小，白色，成顶生圆锥花序。浆果球形，直径约5 mm，顶端具宿存花柱，熟时鲜红色，花期5~7月，果熟期9~10月。

生态习性：喜半阴，在强光下亦能生长，但叶色发红；喜温暖气候及肥沃、湿润而排水良好的土壤，耐寒性不强；对水分要求不严。生长较慢，寿命长。

观赏特性及园林应用：南天竹枝干丛生，枝叶秀美，初夏有白花可供观赏，秋冬树叶变红，且红果累累，是集观花、观叶、观果于一体的优良观赏植物，最宜与山石搭配，或配植于房前、墙角等，也可丛植于林缘，同时也是优良的盆栽及盆景植物材料。

南天竹花序

南天竹植株

南天竹果序

南天竹盆景

南天竹应用

被子植物

小檗科	Berberidaceae	61	拟豪猪刺
			拉丁名：*Berberis soulieana* Schneid.

科属：小檗科小檗属

识别要点：常绿灌木。茎直立，枝具棱脊，灰黄色，木质部及内皮黄色，具长短枝；枝条节部有三叉形针刺，长1~2.5 cm。单叶，在长枝上互生，在短枝上簇生，叶片革质，长圆状披针形，稀长圆状卵形，先端急尖，具硬尖刺，基部急狭，有极短的柄，边缘具8~26刺状锯齿。花8~20朵簇生，黄色。浆果倒卵状长圆形，直径约5 mm，顶端具宿存花柱，熟时鲜红色，被白粉，花期3~4月，果熟期9~10月。

生态习性：喜半阴；喜温暖气候及肥沃、湿润而排水良好的土壤，较耐寒；对水分要求不严。

观赏特性及园林应用：拟豪猪刺花、果兼美，在园林中可与山石配合，也可丛植于林缘。

拟豪猪刺果

拟豪猪刺嫩叶

拟豪猪刺花

拟豪猪刺植株

小檗科 **Berberidaceae** **62**
拉丁名：*Berberis thumbergii* DC.var.*atropurpurea* Chenault.)

紫叶小檗

科属：小檗科小檗属

识别要点：落叶灌木。茎直立，暗红色有沟槽，幼枝淡红带绿色；枝条节部有针刺，通常不分叉。单叶，在长枝上互生，在短枝上簇生，叶菱状卵形，先端钝，基部下延成短柄，全缘，紫红色。花2~5朵呈具短总梗并近簇生的伞形花序，或无总梗而呈簇生状，花黄色，花瓣边缘有红晕。浆果椭圆形，长约10 mm，熟时亮红色，花期5月，果熟期9月。

生态习性：喜光，稍耐阴，耐寒，耐旱；萌芽力强，耐修剪。

观赏特性及园林应用：紫叶小檗叶色三季紫红，初夏有黄花，秋冬季有红果可供观赏，在园林中常丛植、片植做色块或绿篱。

紫叶小檗果枝

紫叶小檗叶

被子植物

科属：木兰科木兰属

识别要点：常绿乔木，树冠阔圆锥形。树皮灰褐色，老时薄鳞片状开裂。新枝、芽、叶柄及叶背均密被锈褐色短绒毛。叶片厚革质，倒卵状长椭圆形，先端钝或钝尖，基部楔形，边缘微向下反卷，上面深绿色，有光泽。花大，白色，有芳香，花被片9~12枚，倒卵形；雄蕊、雌蕊均多数，螺旋状着生于伸长之花托上，花丝扁平，紫色，花柱卷曲。聚合蓇葖果圆柱形，密被灰黄色或褐色绒毛，种子红色。花期5~8月，果熟期10~11月。

生态习性：喜光，也较耐阴；喜温暖湿润气候，亦有一定的耐寒力；喜肥沃湿润而排水良好的土壤，不耐干燥及石灰质土，在土壤干燥处则生长变慢且叶易变黄，在排水不良的黏性土和碱性土上也生长不良。根系发达，较抗风。生长速度中等，但幼年时生长缓慢。

观赏特性及园林应用：广玉兰叶厚而有光泽，花大而香，树姿雄伟，果实成熟后，蓇葖果开裂露出鲜红色的种子也很美。最宜孤植或丛植于开阔草坪上，也可做行道树。

广玉兰花

广玉兰叶片

广玉兰植株

广玉兰树干

广玉兰未成熟果实

科属：木兰科木兰属

识别要点：落叶灌木。大枝近直伸，小枝紫褐色，有明显灰白色皮孔。单叶互生，叶片椭圆状倒卵形或倒卵形，先端急尖或渐尖，基部楔形，全缘，幼时上面疏生短柔毛，下面沿脉有细柔毛，托叶痕长为叶柄之半。花大，花被片9，外轮3片黄绿色，披针形，萼片状，内两轮的外面紫色，内面白色带紫，倒卵状披针形，花先叶开放或与叶同放。聚合蓇葖果熟时褐色。花期3~4月，果熟期9~10月。

生态习性：喜光，不耐严寒；喜肥沃、湿润而排水良好的土壤，在过于干燥及碱土、黏土上生长不良。根肉质，怕积水。

观赏特性及园林应用：紫玉兰早春开花，花大，色美，味香，栽培历史悠久，为传统名贵花木之一。适宜配植于庭前屋后、墙隅路角、窗前及门厅两旁，或丛植于草坪、林缘。

紫玉兰花

紫玉兰株丛

紫玉兰枝干

紫玉兰枝叶

紫玉兰花

被子植物

木兰科	Magnoliaceae	65	玉兰 拉丁名：*Magnolia denudata* Desr.

科属：木兰科木兰属

识别要点：落叶乔木，树冠卵形或近球形。树皮深灰色，老则不规则块状剥落；小枝淡灰褐色，被柔毛；冬芽密生灰绿色开展之柔毛。单叶互生，叶片倒宽卵形或倒卵状椭圆形，先端有一突尖头，基部广楔形或近圆形，全缘，幼时背面有毛。花大，先叶开放，纯白色，芳香，花被片9，长圆状倒卵形，内3片稍小。聚合蓇葖果不规则圆柱形，部分心皮不发育，蓇葖木质具白色皮孔，熟时褐色，种子红色。花期3月，果熟期9~10月。

生态习性：喜光，稍耐阴，颇耐寒；喜肥沃湿润而排水良好的弱酸性土壤，但亦能生长于碱性土中。根肉质，怕积水。生长速度较慢。

观赏特性及园林应用：玉兰冬芽硕大而美观，早春先叶开花，花大、洁白而芳香，是我国著名的传统观花树种。古时常在庭院中配植玉兰、西府海棠、迎春、牡丹、桂花寓意"玉堂春富贵"，可孤植于庭院，也可丛植于草坪或高大常绿树木之前，还可做行道树。花可瓶插观赏。

玉兰果

玉兰花

玉兰植株

玉兰树干

玉兰花芽

玉兰叶片

科属：木兰科木兰属

识别要点：飞黄玉兰是在白玉兰中选育芽变枝，经多代无性繁殖，稳定性良好。落叶小乔木。与玉兰不同之处为花淡黄或黄色，花期4月，果熟期9~10月。

生态习性：阳性树种，喜光；喜暖热湿润气候，稍耐寒；喜酸性土壤；不耐干旱，怕积水。

观赏特性及园林应用：花色明黄艳丽，香味浓，为园林增添新的色彩格调。宜做行道树或庭院观赏树种，还可丛植、群植于园林绿地中。

飞黄玉兰枝叶

飞黄玉兰花

飞黄玉兰植株

飞黄玉兰花

飞黄玉兰树干

被子植物

科属：木兰科木兰属

识别要点：落叶小乔木。小枝无毛。单叶互生，叶片倒卵形，先端短急尖，2/3以下渐狭呈楔形，上面基部中脉常残留有毛，下面多被柔毛。托叶痕约为叶柄长的1/3。花先叶开放，浅红色至深红色，花被片9，外轮3片花被片稍短或约为内轮长的2/3。聚合蓇葖果不规则圆柱形，部分心皮不发育，蓇葖木质具白色皮孔，熟时黑色，种子深褐色。花期3月，果熟期9~10月。本种是玉兰与紫玉兰的杂交种，有多种变种与品种，其花被片大小、形状、颜色多变。

生态习性：阳性树种，喜光，稍耐阴；耐寒；耐旱性较强，怕积水。对有毒气体有一定的抗性。

观赏特性及园林应用：二乔玉兰抗性强，适应性广，开花时繁花满枝，宜在庭院中孤植或在草坪边缘丛植，也可做行道树。

二乔玉兰植株

二乔玉兰植株

二乔玉兰树干

二乔玉兰花

二乔玉兰花苞

二乔玉兰叶片

科属：木兰科含笑属

识别要点：常绿乔木。树皮灰色或深褐色；小枝无毛或嫩时节上被灰色微柔毛。叶薄革质，倒卵形，狭倒卵形或长圆状倒卵形，先端短渐尖，尖头钝，基部楔形或阔楔形，上面深绿色，有光泽。花淡黄色，芳香，花被片6，外轮倒卵状椭圆形，内轮较狭。聚合蓇葖果，蓇葖长圆状卵形或卵形。花期3~4月，果熟期8~9月。

生态习性：阳性树种，喜光，苗期喜阴；喜温暖湿润气候，亦较耐寒；喜排水良好的酸性至微碱性土壤，能耐地下水位较高的环境，在过于干燥的土壤生长不良。

观赏特性及园林应用：乐昌含笑树干通直，树姿挺拔，树荫浓郁，四季常绿，春季花香宜人，最适于做行道树，也可孤植或丛植于园林中，也是优良的四旁绿化树种。

乐昌含笑花枝

乐昌含笑花

乐昌含笑枝叶

乐昌含笑植株

乐昌含笑树干

被子植物

木兰科	Magnoliaceae	69	深山含笑 拉丁名：*Michelia maudiae* Dunn

科属：木兰科含笑属

识别要点：常绿乔木。树皮浅灰色或灰褐色；顶芽窄葫芦形；芽、嫩枝、叶下面、苞片均被白粉。叶革质，长圆状椭圆形，先端急尖或钝尖，基部楔形或近圆钝，上面深绿色。花纯白色，芳香，花被片9，外轮的倒卵形，内两轮的渐狭小，近匙形。聚合蓇葖果，蓇葖长圆形或卵形，先端有短突尖头，种子红色，斜卵圆形，稍扁。花期3月，果熟期9~10月。

生态习性：阳性树种，喜光，幼树稍耐阴；喜温暖湿润气候，有一定耐寒能力；根系发达，土壤适应性强，自然更新能力强，生长快。抗干热，对SO_2的抗性较强，病虫害少。

观赏特性及园林应用：深山含笑生长速度快，冠大荫浓，花大而芳香，是早春优良的观花植物。可孤植、丛植、群植于园林绿地中。

深山含笑花

深山含笑幼果

深山含笑果

深山含笑花

科属：木兰科含笑属

识别要点：常绿灌木。树皮灰褐色；枝条密集；芽、嫩枝、叶柄、花梗均密被黄褐色柔毛。叶片革质，倒卵形或倒卵状椭圆形，先端钝短尖，基部楔形，下面脉上有黄褐色毛。花直立，芳香，花被片6，淡黄色，肉质，边缘带紫晕；雌蕊群有柄。聚合蓇葖果，蓇葖卵圆形或球形，先端有短尖头，种子红色。花期3~5月，果熟期7~8月。

生态习性：喜弱阴，不耐暴晒和干燥；喜温暖湿润气候；喜酸性土壤，不耐石灰质土壤；有一定耐寒能力。耐修剪。

观赏特性及园林应用：含笑枝叶茂密，四季常绿，花朵芳香宜人，为著名的芳香花木，适宜配植于草坪边缘或疏林下。因其耐修剪，在园林中也常修剪为球形树种。

含笑花

含笑植株

含笑枝叶

含笑枝叶、花蕾

71

被子植物

木兰科	Magnoliaceae	**71**	鹅掌楸 拉丁名：*Liriodendron chinense* (Hemsl.) Sarg.

科属：木兰科鹅掌楸属

识别要点：落叶乔木。树皮浅灰色，裂缝不明显；小枝灰色或灰褐色。叶马褂形，近基部每侧具1裂片，先端具2浅裂，下面苍白色，具乳头状白粉点，无毛。花杯形，花被片9，长2~4 cm，绿色，有黄色纵条纹；花丝长约0.5 cm；雌蕊群超出花被之上。聚合果纺锤形，较尖长，翅状坚果顶端钝或钝尖。花期5月，果熟期9~10月。

生态习性：喜光，喜温暖湿润气候，有一定的耐寒性；喜深厚肥沃、湿润而排水良好的酸性或微酸性土壤，在干旱土地上生长不良，亦忌低湿水涝。生长速度快。

观赏特性及园林应用：鹅掌楸树形端正，叶形奇特，且秋季呈黄色，花形美观，是优良的观叶、观花树种。适宜做庭荫树、行道树，也可丛植、群植于园林绿地。

鹅掌楸植株

鹅掌楸叶正面

鹅掌楸叶背面

鹅掌楸树干

鹅掌楸果

鹅掌楸花

科属：木兰科鹅掌楸属

识别要点：落叶乔木。树皮深褐色，纵裂较深而明显；小枝紫红色或紫褐色。叶马褂形，近基部每侧具2裂片，先端具2浅裂，下面无乳头状白粉点，主侧脉初时具毛。花杯形，花被片9，长4~6 cm，两面近基部具不规则的橙黄色带，花丝长1~1.5 cm；雌蕊群不超出花被之上。聚合果纺锤状，中间较粗，翅状小坚果顶端尖。花期5月，果熟期9~10月。

生态习性：喜光，喜温暖湿润气候，较耐寒；喜深厚肥沃、湿润而排水良好的酸性或微酸性土壤。生长速度较快。

观赏特性及园林应用：北美鹅掌楸树形端正，叶形奇特，且秋季呈黄色，花形美观，是优良的观叶、观花树种。适宜做庭荫树、行道树，也可丛植、群植于园林绿地。

北美鹅掌楸枝叶

北美鹅掌楸树干

北美鹅掌楸叶背面

北美鹅掌楸叶正面

被子植物

木兰科 **Magnoliaceae** **73**　　亚美马褂木

拉丁名：*Liriodendron sina-americanum* P.C.Yieh ex Shang et Z. R. Wang

科属：木兰科鹅掌楸属

识别要点：亚美马褂木是鹅掌楸与北美鹅掌楸的杂交种。落叶乔木，树体高大，树皮褐色，纵裂；小枝紫色或紫褐色。叶马褂形，近基部每侧具1或2裂片，先端具2浅裂，裂片较长。花杯形，花被片9，长3.5~5.5 cm，花被片大部或全部为橙黄色或橘红色，花色艳丽，蜜腺发达，花丝长1~1.5 cm；雌蕊群不超出花被之上。聚合果纺锤形，先端钝或尖，形状和大小介于父、母本之间。翅状坚果顶端钝尖。花期4~5月，持续时间较长，较亲本开放早，结束晚。

生态习性：喜光，喜温暖湿润气候；喜深厚肥沃、湿润而排水良好的酸性或微酸性土壤。适应性较亲本强，病虫害少。

观赏特性及园林应用：亚美马褂木树形端正，叶形奇特，花色艳丽，且秋季呈黄色，是优良的园林观赏及庭院栽培树种。适宜做庭荫树、行道树，也可丛、群植于园林绿地。

亚美马褂木植株

亚美马褂木叶片

亚美马褂木花枝

亚美马褂木叶背面

亚美马褂木叶正面

亚美马褂木树干

科属：木兰科八角属

识别要点：常绿小乔木。树皮灰褐色。小枝、叶、叶柄均无毛，具香气。叶片革质，倒披针形或椭圆状倒披针形，先端尾尖或渐尖，基部窄楔形，全缘，边缘微反卷，上面绿色有光泽，侧脉在上面下陷。花腋生或近顶生；花梗长1.5~5 cm；花被片10~15枚，轮状着生，外轮3片绿色，其余的红色。聚合果有蓇葖10~13，蓇葖先端有长而弯曲的尖头；果梗长5.5~8 cm。花期5~6月，果熟期8~10月。

生态习性：耐阴，喜温暖湿润气候；喜湿润而排水良好的微酸性土壤。

观赏特性及园林应用：披针叶茴香树形端正，枝叶茂密，四季常绿，花形美观，在园林中可丛植于林缘等处。种子有剧毒。

披针叶茴香果实

披针叶茴香枝叶

披针叶茴香植株

披针叶茴香树干

75

被子植物

蜡梅科	Calycanthaceae	**75**	柳叶蜡梅
			拉丁名：*Chimonanthus salicifolius* S.Y.Hu

科属：蜡梅科蜡梅属

识别要点：半常绿灌木。小枝细，被硬毛，叶薄革质，长椭圆形，长卵状披针形或线状披针形，先端钝尖或渐尖，基部楔形，全缘，上面粗糙，下面灰绿色，有白粉，被柔毛；叶柄被短毛。花单生叶腋，稀双生，淡黄色；花被片15~17片；雄蕊4~5枚；心皮6~8。果托梨形，长卵状椭圆形，先端收缩；瘦果长1~1.4 cm，深褐色，果脐平。花期10~12月，果熟期翌年5月。

生态习性：耐阴，喜温暖湿润气候；有一定的耐寒力；对土壤要求不严，喜湿润而排水良好的沙质土壤、微酸性或中性肥沃土壤生长良好，根系发达。

观赏特性及园林应用：柳叶蜡梅植株较矮，分枝低，枝叶浓密，冠形丰满，花期长。宜成片植于园内坡地，亦可孤植或丛栽于墙隅、窗下、庭院等处。

柳叶蜡梅花枝

柳叶蜡梅植株

柳叶蜡梅叶正面

柳叶蜡梅叶背面

柳叶蜡梅花枝

柳叶蜡梅果

科属：蜡梅科蜡梅属

识别要点：落叶灌木。老枝近圆柱形，灰褐色，无毛或被疏微毛，有皮孔；幼枝四方形；叶纸质，卵圆形、椭圆形、宽椭圆形至卵状椭圆形，有时长圆状披针形，先端急尖至渐尖，基部广楔形至圆形，叶表有硬毛，叶背光滑，全缘。花单生叶腋，先花后叶，芳香，直径2~4 cm；花被外轮蜡黄色，内花被片有褐色斑纹；雄蕊5~7枚；心皮7~14。果托卵状长椭圆形。花期11月至翌年2月，果熟期6月。蜡梅栽培历史悠久，有很多的变种及品种，如狗牙蜡梅、馨口蜡梅、素心蜡梅等。

生态习性：喜光略耐阴，较耐寒；耐干旱，忌水湿；最宜选深厚肥沃排水良好的沙质壤土。生长势强，发枝力强。

观赏特性及园林应用：蜡梅花开于严冬时节，花色蜡黄，清香四溢，为冬季观赏佳品。最适于配植在房前，庭院角隅，也可丛植于草坪边缘，林缘等。

蜡梅树干　　蜡梅花　　蜡梅花　　蜡梅花

蜡梅花　　蜡梅植株

蜡梅果托

蜡梅叶片

被子植物

樟科	Lauraceae	**77**	樟树（香樟）
			拉丁名：*Cinnamomum camphora* (Linn.)Presl

科属：樟科樟属

识别要点：常绿乔木，树冠广卵形，树皮灰褐色，不规则纵裂，幼树树皮常绿色，光滑不裂；小枝光滑无毛。叶互生，薄革质，叶片卵状椭圆形，先端急尖，基部宽楔形至近圆形，边缘呈微波状起伏，离基三出脉，脉腋有腺体，全缘，两面无毛，下面薄被白粉。圆锥花序生于当年生枝叶腋，花被淡黄绿色，6裂。果近球形，直径6~8 mm，熟时紫黑色；果托杯状。花期4~5月，果期8~11月。

生态习性：喜光，稍耐阴；喜温暖湿润气候；耐寒性不强；对土壤要求不严，以深厚、肥沃、湿润的微酸性黏质土最好，较耐水湿，但不耐干旱、贫瘠和盐碱土。主根发达，深根性，能抗风。萌芽力强，耐修剪，生长速度中等，寿命长。有一定抗海潮风、耐烟尘和有毒气体能力，并能吸收多种有毒气体，能适应城市环境。

观赏特性及园林应用：樟树枝叶茂密，冠大荫浓，树姿雄伟，春季叶色变化丰富，是城市绿化的优良树种。可广泛用作行道树、庭荫树、防护林及风景林，也可孤植、丛植于草地上。

樟树树干

樟树春季红叶

樟树春色叶

樟树果实

樟树叶片离基三出脉

樟树植株

科属：樟科樟属

识别要点：常绿乔木，树皮灰褐色，平滑至近圆形块片剥落，有芳香及辛辣味；小枝绿色至暗绿色，幼时被细短柔毛，渐变无毛。叶互生或近对生，薄革质，叶片长椭圆形、长椭圆状披针形至狭卵形，先端长渐尖至尾尖，基部楔形，上面深绿色，有光泽，无毛，下面微被白粉及细短柔毛，后变几无毛，离基三出脉，侧脉自离叶基0.2~1 cm处斜向生出，在两面隆起，网脉不明显。圆锥聚伞花序生于去年生小枝叶腋，花被淡黄绿色。果卵形至长卵形，长约1.5 cm，直径约7 mm，熟时蓝黑色；果托碗状。花期4~5月，果熟期10月。

生态习性：中性树种，幼年期耐阴；喜温暖湿润气候及排水良好之微酸性土壤，中性土壤及平原地区也能适应，但不耐积水。对SO_2抗性强，隔音、防尘效果好。

观赏特性及园林应用：浙江樟树干端直，树冠整齐，叶茂荫浓，树姿雄伟，在园林绿地中孤植、丛植、列植均相宜，也可用作厂矿区绿化及防护林带树种。

浙江樟植株

浙江樟枝叶

浙江樟果枝

被子植物

樟科	Lauraceae	79	薄叶润楠 拉丁名：*Machilus leptophulla* Hand. Mazz

科属：樟科润楠属

识别要点：常绿乔木。树皮灰褐色，平滑不裂；顶芽近球形，径可达2 cm。叶互生或集生枝顶，坚纸质，叶片倒卵状长圆形，先端短渐尖，基部楔形，幼时下面被贴生银白色绢毛，老时上面深绿色，无毛，下面带灰白色，疏生绢毛，脉上较密，后渐脱落，中脉在上面凹下，下面隆起，侧脉14~24对，两面均微隆起，网脉纤细。圆锥花序集生于新枝基部，花被白色，有香气。果球形，直径约1 cm，熟时紫黑色；果梗长5~10 mm，肉质，鲜红色。花期4月，果熟期7月。

生态习性：耐阴性强，常生于海拔300~1 200 m的山地阴湿沟谷，喜肥沃湿润的酸性黄壤。

观赏特性及园林应用：薄叶润楠树干端直，树冠整齐，叶茂荫浓，树姿雄伟，在园林绿地中孤植、丛植、列植均相宜。也可用作厂矿区绿化及防护林带树种。

薄叶润楠枝叶

科属：樟科楠木属

识别要点：常绿乔木。树皮灰至灰褐色；小枝、叶柄及花序密被黄褐色至灰黑色柔毛或绒毛。叶互生，革质，叶片倒卵形、椭圆状倒卵形或倒卵状披针形，先端突渐尖或突尾状渐尖，基部楔形，上面绿色，幼时沿脉有毛，老后渐稀落，下面密被黄褐色长柔毛，侧脉与中脉在上面凹下，在下面隆起，网脉致密，结成网格状。圆锥花序腋生，花被淡黄绿色。果卵形至卵圆形，长8~10 mm，直径5~6 mm，熟时黑色，基部宿存花被裂片多松散。花期4~5月，果熟期9~10月。

生态习性：中性树种，较耐阴；喜温暖湿润气候及深厚、肥沃、湿润而排水良好之微酸性及中性土壤；有一定的耐寒能力。深根性，生长较慢。具有较好的防风、防火能力。

观赏特性及园林应用：紫楠树形端正美观，叶大荫浓，宜做庭荫树及绿化、风景树。在草坪孤植、丛植，或在大型建筑物前后配植，显得雄伟壮观，也可栽做防护林带。

紫楠植株

紫楠果实

紫楠花序

紫楠果枝

紫楠树干

被子植物

樟科	Lauraceae	**81**	浙江楠
			拉丁名：*Phoebe chekiangensis* C. B.Shang

科属：樟科楠木属

识别要点：常绿乔木。树皮淡黄褐色，呈不规则薄片状剥落；小枝有棱脊，密被黄褐色至灰黑色柔毛或绒毛。叶互生，革质，叶片倒卵状椭圆形或倒卵状披针形，稀为披针形，先端突渐尖至渐尖，基部楔形或近圆形，上面幼时有毛，老渐变无毛，下面被灰褐色柔毛，脉上被长柔毛，侧脉与中脉在上面凹下，在下面隆起，网脉下面明显。圆锥花序腋生。果椭圆状卵形，长1.2~1.5 cm，熟时蓝黑色，外被白粉，基部宿存花被裂片紧贴果实基部。花期4~5月，果熟期9~10月。

生态习性：中性，较耐阴，但到壮龄期要求适当的光照条件；喜温暖湿润气候，喜疏松、肥沃、富含有机质的酸性土壤。深根性，抗风力强。

观赏特性及园林应用：浙江楠树体高大通直，端庄美观，枝叶繁茂多姿。宜做庭荫树、行道树或风景树，或在草坪中孤植、丛植，也可在大型建筑物前后配植。

浙江楠植株

浙江楠果

浙江楠树干

浙江楠枝叶

科属：樟科檫木属

识别要点：落叶乔木。树皮幼时黄绿色，平滑，老时灰褐色，呈不规则深纵裂；小枝黄绿色，无毛，稍有光泽。叶互生，常集生枝顶，叶片卵形或倒卵形，先端突渐尖，基部楔形，全缘或2~3裂，裂片先端钝，上面深绿色，稍具光泽，下面灰绿色，两面无毛或下面沿脉疏生毛，羽状脉或离基三出脉，叶柄常带红色。总状花序出自枝顶混合芽，先叶开花，黄色。果近球形，直径约8 mm，熟时由红色变为蓝黑色，外被白粉，果托浅杯状；果梗上端增粗呈棒状，肉质，与果托均鲜红色。花期2~3月，果熟期7~8月。

生态习性：喜光，不耐庇荫；喜温暖湿润气候及深厚而排水良好的酸性土壤；不耐积水。深根性，萌芽力强，生长快。

观赏特性及园林应用：檫木树干通直，叶片宽大而奇特，春季满树小黄花先叶开放，秋季树叶变为红黄色，颇为秀丽，是良好的城乡绿化树种，可做行道树，或孤植、丛植、列植于园林中。

檫木枝叶

被子植物

樟科	Lauraceae	**83**	舟山新木姜子
			拉丁名：Neolitsea sericea (Blume) Koidz

科属：樟科新木姜子属

识别要点：常绿乔木。树皮灰白色；平滑不裂；小枝幼时密被金黄色绢状柔毛，老后绿至紫褐色，无毛。叶互生，革质，叶片椭圆形至披针状椭圆形，先端渐钝尖，基部窄楔形，幼叶两面密被金黄色绢状柔毛，老叶上面深绿色，无毛，有光泽，下面粉绿色，密被金黄色或橙褐色绢状短伏毛，离基三出脉，中侧脉在两面隆起，横脉明显。叶柄幼时密被金黄色绢状毛，老后脱落无毛，伞形花序3~5簇生于新枝苞腋或叶腋。果球形，径约1.3 cm，熟时鲜红色，有光泽；果托浅盘状；果梗粗壮。花期9~10月，果熟期翌年12月至第3年1~2月。

生态习性：耐阴树种；喜土层深厚，富含有机质的疏松土壤；根系发达，具有耐旱、抗风等特性；根基萌发力较强，适应性强，耐盐碱。

观赏特性及园林应用：舟山新木姜子树干通直，枝叶茂密，春梢嫩叶金黄色，严冬绿叶丛中红果累累，鲜艳夺目，为良好的观叶观果树种。可做行道树，或孤植、丛植、列植于园林中。

舟山新木姜子植株

舟山新木姜子花枝

舟山新木姜子果枝

舟山新木姜子未成熟果实

舟山新木姜子树干

科属：樟科月桂属

识别要点：常绿小乔木，树冠卵形。树皮黑褐色；小枝绿色，圆柱形，具纵条纹，幼时略被微柔毛或近无毛。叶互生，革质，叶片长圆形或长圆状披针形，先端急尖或渐尖，基部楔形，边缘呈微波状，羽状脉。叶柄常带紫红色。花单性异株；伞形花序腋生，花被黄绿色，4裂。果近卵球形，熟时紫黑色。花期3~5月，果熟期6~10月。

生态习性：喜光，稍耐阴；喜温暖湿润气候及疏松肥沃的土壤，对土壤酸碱度要求不严，酸性、中性及微碱性土上均能适应；耐干旱，并有一定耐寒能力。萌芽力强，耐修剪。

观赏特性及园林应用：月桂树形圆整，枝叶茂密，四季常青，春季又有黄花点缀于绿叶之间，颇为美丽。可孤植、丛植于草坪，列植于路旁、墙边，或对植于门旁。

月桂植株

月桂花枝

月桂雄花

月桂枝叶

被子植物

虎耳草科	Lauraceae	**85**	八仙花（绣球花）
			拉丁名：*Hydrangea macrophulla* (Thunb.)Seringe

科属：虎耳草科八仙花属

识别要点：落叶灌木。小枝粗壮，无毛，皮孔明显。叶对生，大而有光泽，叶片倒卵形至椭圆形，先端短渐尖，基部宽楔形，边缘除基部外有三角形粗锯齿，两面无毛或仅背脉有毛。伞房花序顶生，球形，直径可达20 cm，几乎全部为不育花，扩大之萼片4，卵圆形，全缘，粉红色、蓝色或白色，极美丽。花期6~7月。

生态习性：中性，喜光又耐阴，忌强光直射；喜温暖气候，不甚耐寒；宜腐殖质丰富、湿润而又排水良好的土壤，不耐干旱；喜酸性土，在碱性土中生长不良，枝叶发黄；萌蘖力强，易繁殖更新。

观赏特性及园林应用：八仙花花大色艳，宜丛植于林缘或门庭入口处，群植于乔木之下，或列植成花篱、花境；因其对有毒气体有一定的抗性，也可用于工厂绿化；还可做盆栽室内观赏。

八仙花花序

八仙花花序

八仙花植株

八仙花叶片

科属：虎耳草科溲疏属

识别要点：落叶灌木。树皮片状剥落，小枝中空，红褐色，疏生星状毛。单叶对生，叶片卵形至卵状披针形，先端急尖或渐尖，基部圆形至宽楔形，边缘有小刺尖状齿，两面有星状毛，粗糙。直立圆锥花序顶生，花重瓣，纯白色，萼裂片短于筒部。花期5~6月，果熟期10~11月。

生态习性：喜光，稍耐阴；喜温暖气候，也有一定耐寒力，喜富含腐殖质的微酸性和中性土壤。性强健，萌芽力强，耐修剪。

观赏特性及园林应用：白花重瓣溲疏初夏开白花，繁密而素净。宜丛植于草坪、林缘及山坡，也可做花篱及岩石园种植材料。花枝可供瓶插观赏。

白花重瓣溲疏植株

白花重瓣溲疏花枝

白花重瓣溲疏株丛

白花重瓣溲疏枝叶

白花重瓣溲疏花

被子植物

海桐花科	Pittosporaceae	**87**	海桐 拉丁名：*Pittosporum tobira* (Thunb.) Ait.

科属：海桐花科海桐花属

识别要点：常绿灌木或小乔木，树冠圆球形。嫩枝被褐色柔毛，有皮孔。单叶互生，常聚生枝顶呈假轮生状；叶革质，倒卵形或倒卵状披针形，先端圆钝或微凹，基部狭楔形，下延，全缘，干后反卷，上面亮绿色，有光泽，下面浅绿色。伞房花序顶生，密被黄褐色柔毛；萼片5，花瓣白色或黄色，芳香，5枚离生。蒴果圆球形，有棱角，熟时3瓣裂；种子鲜红色。花期5月，果熟期10月。

生态习性：喜光，略耐阴；喜温暖气候及肥沃湿润土壤，耐寒性不强；对土壤要求不严，黏土、沙土及轻盐碱土均能适应。萌芽力强，耐修剪。抗海潮风及SO_2等有毒气体能力较强。

观赏特性及园林应用：海桐枝繁叶茂，树冠整齐，叶色浓绿而有光泽，初夏花朵美丽而芳香，入秋后果实开裂露出红色种子，均有较高观赏价值。园林中常孤植、丛植于草坪边缘、林缘，也可修剪成球形树种，或做绿篱及建筑基础绿化材料。

海桐果实

海桐花

海桐种子

海桐植株

科属：金缕梅科枫香属

识别要点：落叶乔木。树冠宽卵形，树皮灰色，浅纵裂，老时不规则深裂。单叶互生，叶常为掌状3裂（幼树及萌芽枝的叶常为5裂），基部心形或截形，裂片先端尖，缘有锯齿；幼叶有毛，后渐脱落。花单性同株，雄花序头状，常数个排列成总状；头状雌花序单生。果序球形，由木质蒴果集成，每果有针刺状宿存花柱，成熟时顶端开裂，果内有1~2粒具翅发育种子，其余为无翅的不发育种子。花期3~4月，果熟期10月。

生态习性：喜光，幼树稍耐阴；喜温暖湿润气候及深厚湿润土壤，也能耐干旱瘠薄，但较不耐水湿。萌蘖性强，可天然更新。深根性，主根粗长，抗风力强。幼年生长较慢，入壮年后生长转快。对SO_2、Cl_2等有较强抗性。但不耐修剪，大树移植较困难。

观赏特性及园林应用：枫香树干挺拔，叶形秀美，秋季树叶变红，是南方著名的秋色叶树种。可在园林中做庭荫树、行道树，或孤植、丛植于草地、山坡、池畔。因其有较强的耐火性和抗有毒气体能力，故常用于工矿企业绿化。

枫香花

枫香植株

枫香果序

枫香树干

89

被子植物

| 金缕梅科 | Hamamelidaceae | **89** | 北美枫香
拉丁名：*Liquidambar styraciflua* L. |

科属： 金缕梅科枫香属

识别要点： 落叶乔木，树冠幼年时塔状，成年后为圆形或广卵形。树皮灰褐色，呈不规则开裂，小枝红褐色，通常带有木栓质翅。顶芽卵形，较大。单叶互生，叶掌状5~7裂，基部心形或楔形，裂片先端钝尖，缘有细锯齿。花单性同株，雄花成圆锥花序，顶生；雌花成头状花序，腋生。果序球形，由木质蒴果集成，每果有针刺状宿存花柱，成熟时顶端开裂，果内有1~2粒具翅发育种子，其余为无翅的不发育种子。花期4~5月，果熟期11月。

生态习性： 阳性树种，喜光，耐稀疏遮阴环境；喜温暖湿润气候，喜湿润、排水良好的微酸性土壤，耐盐碱瘠薄；耐水湿、稍耐旱，适应性强，在不同性质的土壤中均表现出较强的适应性，但以肥沃、潮湿冲击性黏土和江边低部肥沃的黏性微酸性土壤最好。根深抗风，耐火烧，萌发能力强，侧根不发达，移植后需较长时间恢复。生长速度中等偏快。

观赏特性及园林应用： 北美枫香树形优美，叶形奇特，秋季树叶变红，是不可多得的秋色叶树种。可在园林中做庭荫树、行道树，或孤植、丛植于草地、山坡、池畔。还可以北美枫香为主要树种成片成群栽植，营建风景林，入秋后，霜浸红叶、层林尽染，蔚为壮观。

北美枫香植株

北美枫香雄花序

北美枫香雌花序

北美枫香叶

北美枫香果、枝

科属：金缕梅科檵木属

识别要点：常绿灌木或小乔木。小枝、嫩叶及花萼均有锈色星状短柔毛。单叶互生，叶卵形或椭圆形，基部歪圆形，先端锐尖，全缘，上面粗糙，略有粗毛或秃净，背面密生星状柔毛，叶脉明显。花两性，3~8朵簇生于小枝顶端，花瓣4，带状线性，浅黄白色。蒴果褐色，近卵形，有星状毛。花期5月，果熟期8月。

生态习性：阳性，喜光，稍耐阴；喜肥沃湿润的微酸性土壤，适应性强，耐寒，耐旱；发枝力强，耐修剪。

观赏特性及园林应用：檵木初夏开花繁茂，颇为美观。常丛植于草地、林缘或与山石相配合。也是制作盆景的好材料。常用来做嫁接红花檵木的砧木。

檵木花

檵木植株

檵木花枝

檵木枝叶

被子植物

金缕梅科 **Hamamelidaceae** **91**

红花檵木

拉丁名：*Lorpetalum chinense* (R. Br.) Oliv var. *rubrum* Yieh

科属： 金缕梅科檵木属

识别要点： 红花檵木是檵木的变种。常绿灌木或小乔木。小枝嫩叶及花萼均有暗红色星状短柔毛。单叶互生，嫩叶紫红色，老叶暗红色，叶卵形或椭圆形，基部歪圆形，先端锐尖，全缘，上面粗糙，略有粗毛或秃净，背面密生星状柔毛，叶脉明显。花两性，3~8朵簇生于小枝顶端，花瓣4，带状线性，紫红色。蒴果褐色，近卵形，有星状毛。花期4~5月，果熟期8~9月。

生态习性： 喜光，耐半阴，喜肥沃湿润的微酸性土壤；适应性强，耐寒，耐旱。发枝力强，耐修剪。

观赏特性及园林应用： 红花檵木叶色四季紫红，初夏满树紫红色花朵，鲜艳夺目。常孤植、丛植于路边、草地、林缘或与山石相配合，或做绿篱、色块及球形树观赏，也常用做盆景或地栽的桩景树。

红花檵木地栽桩景树

红花檵木植株

红花檵木花

科属：金缕梅科蚊母树属

识别要点：常绿灌木或小乔木。树皮暗褐色；小枝略呈"之"字形曲折，嫩枝具星状鳞毛；顶芽歪桃形，暗褐色。单叶互生，叶倒卵状长椭圆形，先端钝或略尖，基部宽楔形，全缘，厚革质，光滑无毛。总状花序生于叶腋，雄花和两性花同在一个花序上；花药红色，子房有褐色星状绒毛。蒴果卵球形，顶端尖，外被褐色星状绒毛，成熟时2瓣裂，每瓣再2浅裂。种子亮褐色，卵球形。花期3~4月，果熟期7~9月。

生态习性：喜光，稍耐阴；喜温暖湿润气候，耐寒性不强；对土壤要求不严，酸性、中性土壤均能适应。萌芽、发枝力强，耐修剪。对烟尘及多种有毒气体的抗性很强。

观赏特性及园林应用：蚊母树枝叶茂密，株型整齐，叶色浓绿，四季常绿，春季小红花也颇为美丽，是工矿企业绿化及城乡绿化的重要树种。可丛植、片植，也可修剪成球配植，同时可做绿篱和防护林。

蚊母树植株

蚊母树树干

蚊母树花枝

蚊母树果实

被子植物

金缕梅科 **Hamamelidaceae** **93**

拉丁名：*Distylium buxifolium* (Hance) Merr. var. *rotundum* H.T.Chang

圆头蚊母树

科属：金缕梅科蚊母树属

识别要点：常绿灌木，树皮灰褐色；幼枝、芽均有褐色柔毛。单叶互生，叶倒卵状长圆形，先端钝或圆，基部楔形，全缘或近先端各有1个小齿突，薄革质，两面无毛。穗状花序生于叶腋；花药红色，子房有褐色星状绒毛。蒴果卵球形，顶端尖，外被褐色星状绒毛，成熟时2瓣裂，每瓣再2浅裂。种子亮褐色，长卵形。花期3月，果熟期9月。

生态习性：喜光，稍耐阴；喜温暖湿润气候；对土壤要求不严，耐水湿。萌芽、发枝力强，耐修剪。

观赏特性及园林应用：圆头蚊母树枝叶茂密，叶色浓绿，四季常绿，春季开红色小花，是优秀的园林绿化树种。在园林中可做造型树种点缀山石，或做绿篱、色块应用，因其耐水湿性强，也可做水边绿化树种。

圆头蚊母造型树

圆头蚊母树枝叶、花蕾

圆头蚊母树成熟果实

圆头蚊树母花

科属：杜仲科杜仲属

识别要点：落叶乔木，树冠圆球形。小枝光滑，无顶芽，具片状髓。单叶互生，叶椭圆状卵形，先端渐尖，基部圆形或广楔形，缘有锯齿，老叶表面网脉下陷，皱纹状。花单性异株；雄花簇生，无花被；雌花单生。翅果狭长椭圆形，扁平，长约3.5 cm，顶端2裂。枝、叶、果及树皮断裂后均有白色弹性胶丝相连。花期4月，叶前开放或与叶同放，果熟期10~11月。

生态习性：喜光，不耐阴；喜温暖湿润气候，较耐寒；喜肥沃、湿润、深厚而排水良好的土壤，在酸性、中性及微碱性土上均能正常生长，并有一定的耐盐碱性，但在过湿、过干或过于贫瘠的土壤中生长不良。根系较浅而侧根发达，萌蘖性强。生长速度中等，幼时生长较快。

观赏特性及园林应用：杜仲树干端直，枝叶茂密，树形整齐优美，是良好的庭荫树及行道树。也可丛植于坡地、池边或与常绿树混交成林。

杜仲雄花

杜仲叶、果

杜仲小枝

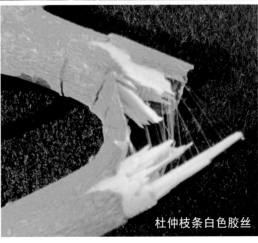
杜仲枝条白色胶丝

被子植物

悬铃木科　Eucommiaceae　**95**　二球悬铃木（英国梧桐）

拉丁名：*Eucommia ulmoides* Oliv.

科属：悬铃木科悬铃木属

识别要点：落叶乔木。树皮灰绿色，呈大片块状剥落，幼枝密生灰褐色星状绒毛，老时秃净。无顶芽，侧芽卵形，包藏于膨大的叶柄基部。单叶互生，叶片宽卵形或宽三角状卵形，基部截形或浅心形，上部3~5裂，叶裂深度约达全叶的1/3，裂片三角形、宽三角形或卵形，全缘或具粗大的锯齿。球果通常为2球一串，亦偶有单球或3球的，果径约2.5 cm，有由宿存花柱形成的刺毛。花期4~5月，果熟期9~10月。

生态习性：喜光；喜温暖气候，有一定的抗寒能力；对土壤适应能力极强，能耐干旱、瘠薄，无论酸性或碱性土、垃圾地、工厂内的沙质地或富含石灰地、潮湿的沼泽地均能生长。萌芽性强，耐重剪；抗烟性强，对SO_2及Cl_2等有毒气体有较强的抗性。生长迅速。

观赏特性及园林应用：二球悬铃木树形雄伟端正，叶大荫浓，树冠广阔，干皮光洁，对城市环境适应力极强，有"行道树之王"的美称，还可做庭荫树或工矿企业绿化树种。

二球悬铃木植株

二球悬铃木树干

二球悬铃木叶片

二球悬铃木果序

二球悬铃木芽

科属：蔷薇科绣线菊属

识别要点：落叶灌木。枝条细长，开展，小枝近圆柱形，无毛或幼时被短柔毛。单叶互生，叶片卵形至卵状椭圆形，先端急尖至短渐尖，基部楔形，边缘有缺刻状重锯齿或单锯齿，上面暗绿色，无毛或沿叶脉微具短柔毛，下面灰蓝色，脉上常有短柔毛。复伞房花序生于当年生的新枝顶端，花密集，淡粉红至深粉红色，雄蕊较花瓣长。蓇葖果5颗，半开张。花期5~6月，果熟期9~10月。

生态习性：喜光，略耐阴；喜温暖气候，亦耐寒；在湿润肥沃土壤上生长旺盛，耐贫瘠；分蘖能力强，繁殖容易。

观赏特性及园林应用：粉花绣线菊花色艳丽，花期长，为常用花灌木。可布置花坛、花境，配植于山石、草坪及小路角隅等处，亦可在门庭两侧种植或配植花篱。

粉花绣线菊成熟果序

粉花绣线菊植株

粉花绣线菊花

粉花绣线菊花

被子植物

| 蔷薇科 | Rosaceae | **97** | 菱叶绣线菊
拉丁名：*Spiraea vanhouttei* (Briot) Zabel |

科属：蔷薇科绣线菊属

识别要点：落叶灌木。小枝淡红褐色，拱形弯曲，幼时无毛。单叶互生，叶片菱状卵形至菱状倒卵形，先端急尖，3~5裂或不裂，基部楔形，边缘有缺刻状重锯齿，两面无毛，上面暗绿色，下面淡蓝灰色，具不显著3出脉或羽状叶脉。伞形花序，花多数，花瓣白色，近圆形，先端钝圆。蓇葖果5颗，稍开张。花期4~5月，果熟期9~10月。

生态习性：喜光，略耐阴；喜温暖气候，亦耐寒；在湿润肥沃土壤上生长旺盛，耐贫瘠。分蘖能力强，繁殖容易。

观赏特性及园林应用：菱叶绣线菊开花繁茂，花色洁白。可布置花坛、花境，配植于山石、草坪及小路角隅等处。

菱叶绣线菊花

菱叶绣线菊叶片

菱叶绣线菊植株

科属：蔷薇科绣线菊属

识别要点：落叶灌木。枝细长而有角棱，微生短柔毛或近于光滑。叶小，椭圆形至椭圆状长圆形，先端急尖，基部楔形，边缘有细锐单锯齿，幼时两面微被短柔毛，老时仅下面有短柔毛。伞形花序具3~6朵花，基部着生小型叶片数枚；无总花梗，花重瓣，白色，直径达1 cm。花期4~5月。

生态习性：生长健壮，喜阳光和温暖湿润土壤，较耐寒。

观赏特性及园林应用：李叶绣线菊晚春开白花，繁密似雪，秋叶橙黄色，观赏价值极高。可丛植于池畔、山坡、路旁、草坪边缘。

单瓣李叶绣线菊（var. *sipliciflora* Nakai）：李叶绣线菊之变型，花单瓣，径约 6 mm。

李叶绣线菊花

李叶绣线菊枝叶

李叶绣线菊植株

单瓣李叶绣线菊花

被子植物

| 蔷薇科 | Rosaceae | **99** | 珍珠绣线菊（喷雪花）
拉丁名：*Spiraea thunbergii* Sieb |

科属：蔷薇科绣线菊属

识别要点：落叶灌木。小枝幼时有柔毛。单叶互生，叶片线状披针形，先端长渐尖，基部狭楔形，边缘自中部以上有尖锐锯齿，两面光滑无毛。伞形花序，无总花梗，具3~5朵花，花瓣白色，径约8 mm；花梗细长。蓇葖果开张。花期4~5月，果熟期7月。

生态习性：生长健壮，喜阳光，好温暖；宜湿润而排水良好土壤。

观赏特性及园林应用：珍珠绣线菊开花繁茂，花色洁白。可布置花坛、花境，配植于山石、草坪及小路角隅等处。

珍珠绣线菊花

珍珠绣线菊果枝

珍珠绣线菊植株

科属：蔷薇科火棘属

识别要点：常绿灌木。侧枝短，先端成刺状，嫩枝被锈色短柔毛，老枝暗褐色，无毛。单叶互生，叶片倒卵形或倒卵状长圆形，先端圆钝或微凹，有时具短尖头，基部楔形下延，边缘有钝锯齿，齿尖内弯，近基部全缘，两面无毛。复伞形花序，花直径约1 cm，花瓣白色，5枚，近圆形。梨果小，熟时橘红色或深红色，近球形，内具小核5粒。花期3~5月，果熟期8~11月。

生态习性：喜光，稍耐阴；较耐寒；对土壤要求不严，耐干旱瘠薄，耐盐碱；萌芽力强，耐修剪。对有毒气体有一定的抗性。

观赏特性及园林应用：火棘入夏时白花繁密，入秋后红果累累，是观花、观果的优良树种。园林中可孤植、丛植、片植或做绿篱配植，也可修剪成球形；果枝是瓶插的好材料；火棘还是制作盆景的好材料。

火棘盆景

火棘结果植株

火棘果实

火棘花枝

被子植物

蔷薇科	Rosaceae	101	小丑火棘
			拉丁名：*Pyracantha fortuneana* (Maxim.) Li 'Harlequin'

科属：蔷薇科火棘属

识别要点：是火棘的栽培变种，常绿灌木。单叶互生，叶片卵形，倒卵状长圆形或倒卵形，先端钝圆或微凹，边缘有钝锯齿。叶缘有白色斑纹，冬季叶片呈粉红色。花白色。梨果红色，挂果时间长达3个月。花期3~5月，果熟期8~11月。

生态习性：喜光，耐半阴；耐寒性强；对土壤要求不严，耐旱耐瘠薄，耐盐碱；萌芽力强，耐修剪。

观赏特性及园林应用：小丑火棘叶色季相变化明显，春季叶片花白色，镶有绿色斑纹，冬季叶片变成粉红色，此外小丑火棘入夏时白花繁密，入秋后红果累累，是观叶、观花、观果的优良树种。园林中可做地被、色块或绿篱等。

小丑火棘枝叶

小丑火棘冬季叶色

小丑火棘植株

窄叶火棘

拉丁名：*Pyracantha angustifolia* (Franch.) Schneid.

科属：蔷薇科火棘属

识别要点：常绿灌木或小乔木。高达4 m，多刺。小枝密被灰黄色绒毛，老枝紫褐色，毛渐减少。叶片窄长圆形至倒披针状长圆形，先端圆钝，有短尖或微凹，基部楔形，全缘，微向下反卷，上面初时有灰色绒毛，后渐脱落，暗绿色，下面密生灰白色绒毛；叶柄长1~3 mm，密被绒毛。复伞房花序，花白色。梨果扁球形，熟时砖红色，直径5~6 mm；萼片宿存。花期5~6月，果熟期10~12月。

生态习性：喜光；耐干旱，也耐水湿，对土壤要求不严，能适应碱性土、盐碱地，也较耐瘠薄。耐寒性较差。萌芽力强，耐修剪。

观赏特性及园林应用：窄叶火棘叶色银灰色，入夏时白花繁密，入秋后红果累累，是观叶、观花、观果的优良树种。可丛植或孤植于草坪边缘及园路转角处，也可做绿篱或基础种植材料。

窄叶火棘花枝

窄叶火棘植株

窄叶火棘枝叶

窄叶火棘果枝

窄叶火棘枝刺

被子植物

蔷薇科	Rosaceae	**103**	山楂 拉丁名：*Crataegus pinnatifida* Bunge

科属：蔷薇科山楂属

识别要点：常绿小乔木。树皮粗糙，暗灰色或灰褐色；刺长1~2 cm，有时无刺；小枝圆柱形，当年生枝紫褐色，无毛或近无毛，疏生皮孔，老枝灰褐色。叶片宽卵形或三角状卵形，稀菱状卵形，基部楔形至宽楔形，两侧常3~5羽状深至中裂，裂片卵状披针形或线形，先端短渐尖，边缘有尖锐稀疏不规则重锯齿，上面暗绿色，下面沿脉疏生短柔毛或脉腋有簇毛。伞房花序多花，花白色。梨果近球形或梨形，熟时深红色，直径1~1.5 cm；有浅色斑点，萼片迟落，先端留一圆形深洼，可食，味酸甜。花期5~6月，果熟期9~10月。

生态习性：喜光，稍耐阴；耐寒，耐干燥、贫瘠土壤，但以在湿润而排水良好的沙质壤土上生长最好。根系发达，萌蘖性强。

观赏特性及园林应用：山楂树冠整齐，花繁叶茂，果实鲜红可爱，是观花、观果和园林结合生产的良好绿化树种。可做庭荫树和园路树，还可做绿篱栽培。

山楂果枝

山楂果实

科属： 蔷薇科石楠属

识别要点： 常绿小乔木。全体几无毛。枝灰褐色，无毛。单叶互生，革质，叶片长椭圆形、长倒卵形或倒卵状椭圆形，先端尾尖，基部圆形或宽楔形，边缘有具腺细锯齿，近基部全缘，幼苗或萌蘖枝上的叶片边缘锯齿锐尖呈硬刺状，上面光亮，有时中脉有腺毛，老时两面无毛。复伞房花序，花密集，花瓣白色，5枚，近圆形。梨果小，熟时红色，后变紫褐色，球形，内有1粒种子。花期5~7月，果熟期10月。

生态习性： 喜光，稍耐阴；喜温暖、尚耐寒；喜排水良好的肥沃壤土，也耐干旱瘠薄，能生长在石缝中，不耐水湿。生长较慢，萌芽力强，耐修剪。

观赏特性及园林应用： 石楠枝叶浓密，春季嫩叶淡红色，初夏白花点点，秋冬红果累累。园林中孤植、丛植、绿篱及修剪成球形都很好。

石楠植株

石楠树干

石楠球

石楠果

石楠花

被子植物

| 蔷薇科 | Rosaceae | **105** | 红叶石楠
拉丁名：*Photinia × fraseri* 'Red robin' |

科属：蔷薇科石楠属

识别要点：常绿小乔木或灌木。单叶互生，革质，倒卵状长椭圆形，有细锯齿，春秋新叶亮红色；顶生复伞房花序，花密集，花瓣奶白色。梨果球形，熟时红色，能延续至冬季。花期4~6月，果熟期10月。

生态习性：喜光，稍耐阴；喜温暖气候；对土壤适应性强，耐干旱瘠薄，稍耐盐碱，但忌水湿。生长较快，萌芽力强，耐修剪。

观赏特性及园林应用：红叶石楠春秋季新叶红艳悦目，可片植成色块，与其他彩叶树种组成各种图案；或列植成绿篱、群植成幕墙应用于园林中；也可培育成球形、圆柱形孤植、对植、丛植于园林中。

红叶石楠花

红叶石楠植株

红叶石楠枝叶

红叶石楠嫩叶

红叶石楠球

科属：蔷薇科石楠属

识别要点：常绿乔木。常具枝刺。幼枝黄红色，后呈紫褐色，有稀疏平贴柔毛，老枝灰色，无毛。单叶互生，革质，长圆形、倒卵形，稀椭圆形，先端急尖或渐尖，有小尖头，基部楔形，边缘稍反卷，有具腺细锯齿或近全缘，上面光亮，中脉初有贴生柔毛，后渐秃净。复伞房花序顶生，花多数，密集，花瓣白色，圆形。梨果球形或卵形，熟时黄红色，无毛；有种子2~4粒。花期5月，果熟期9~10月。

生态习性：喜光，稍耐阴；喜温暖，尚耐寒；喜排水良好的肥沃壤土，也耐干旱瘠薄，能生长在石缝中，不耐水湿，生长较慢，萌芽力强，耐修剪。

观赏特性及园林应用：楼木石楠枝叶浓密，春季嫩叶淡红色，初夏白花点点，秋冬红果累累。园林中孤植、丛植、绿篱及修剪成球形都很好。

楼木石楠果

楼木石楠植株

楼木石楠枝刺

楼木石楠叶

被子植物

蔷薇科	Rosaceae	**107**	枇杷
			拉丁名：*Eriobotrya japonica* (Thunb.) Lindl.

科属：蔷薇科枇杷属

识别要点：常绿小乔木。小枝粗壮，黄褐色，密被锈色或灰棕色绒毛。单叶互生，革质，披针形、倒卵形或椭圆状长圆形，先端急尖或渐尖，基部楔形或渐狭，上部边缘有疏齿，下部全缘，上面光亮，多皱，下面密被灰棕色绒毛。圆锥花序顶生，具多数花，芳香；总花梗和花梗密被锈色绒毛；花瓣白色，长圆形或卵形。梨果球形、长圆形或扁圆形，熟时黄红色或橘黄色，有锈色柔毛；有种子1~5粒。花期10~12月，果熟期翌年5~6月。

生态习性：喜光，稍耐阴；喜温暖气候及肥沃湿润、排水良好的壤土；不耐寒。生长缓慢，寿命较长。

观赏特性及园林应用：枇杷树形整齐美观，叶大荫浓，冬季白花盛开，初夏黄果累累，果实鲜美可口，是园林结合生产的好树种。宜孤植或丛植于庭园、草地边缘或园路转角处。

枇杷果实

枇杷花

枇杷枝叶

枇杷树干

枇杷植株

科属：蔷薇科石斑木属

识别要点：常绿灌木或小乔木。枝粗壮，枝、叶幼时有褐色柔毛，后脱落无毛。叶片集生小枝顶端，厚革质，长椭圆形、卵形或倒卵形，先端圆钝，稍锐尖或微凹，基部楔形、宽楔形至圆钝，边缘稍反卷，全缘或疏生钝锯齿，上面深绿色，略带紫红色，稍有光泽，下面淡绿色，细脉明显。圆锥花序顶生，直立，密被褐色柔毛；花瓣白色，倒卵形。梨果核果状，球形，熟时黑紫色，带白霜；有种子1粒。花期4~5月，果熟期11月。

生态习性：中性偏阳树种，在略有庇荫处生长更好；对土壤适应性强，耐干旱瘠薄；有较强的耐盐能力。

观赏特性及园林应用：厚叶石斑木能自然呈伞形，且耐修剪，花姿、果实都可供观赏，适合做盆景、庭园树、防风树和切花材料等。也可培育成丛生形的小乔木，群植成大型绿篱或幕墙，在居住区、厂区绿地、街道或公路绿化隔离带应用，当树篱或幕墙花朵盛开之际，非常艳丽，极具生机盎然之美。

厚叶石斑木果实

厚叶石斑木花

厚叶石斑木植株

厚叶石斑叶

木瓜
拉丁名：*Chaenomeles sinensis* (Thouin) Koehne

科属：蔷薇科木瓜属

识别要点：落叶小乔木。干皮呈薄片状剥落；枝无刺，但短小枝常呈棘刺；小枝幼时有毛。叶卵状椭圆形，先端急尖，基部宽楔形或圆形，缘具芒状锐齿，齿尖有腺，幼时背面有毛，后脱落，革质，叶柄有腺齿。花单生叶腋，粉红色，果椭圆形，熟时暗黄色，木质，有香气。花期4~5月，果熟期8~10月。

生态习性：喜光；喜温暖，但有一定的耐寒性；要求土壤排水良好，不耐盐碱和低湿地。

观赏特性及园林应用：木瓜树形端正，树干斑驳，春季观花，秋季观果，且果实有香味，是优秀的观花、观果、观干树种。常种植于庭院中观赏，也可在园林中孤植、丛植和列植。

木瓜植株

木瓜果枝

木瓜干皮

科属：蔷薇科木瓜属

识别要点：落叶灌木，高达2 m。枝直立开展，有刺。小枝紫褐色或黑褐色，圆柱形，微屈，无毛，有稀疏淡褐色皮孔；叶片卵形至椭圆形，稀长椭圆形，先端急尖，稀圆钝，基部楔形至宽楔形，边缘具尖锐锯齿，齿尖开展，无毛或萌蘖枝的叶下面脉上有短柔毛；托叶大形，革质，肾形或半圆形，边缘有尖锐重锯齿，无毛。花先叶开放，3~5朵簇生于二年生枝上；花梗粗短，长约3 mm或近无梗；花直径3~5 cm；花瓣红色，稀淡红色或白色。果实黄色或带黄绿色，球形或卵球形，有稀疏不明显斑点，具芳香气味；萼片脱落；果梗短或近于无梗。花期3~5月，果熟期9~10月。

生态习性：喜光，有一定的耐寒性；对土壤要求不严，但喜排水良好的肥沃壤土，不宜在低洼积水处栽植。

观赏特性及园林应用：贴梗海棠早春叶前开花，花鲜艳美丽，秋天又有黄色、芳香的果实，是一种优良的观花、观果灌木。宜于草坪、庭院或花坛内丛植或孤植，也可作为绿篱及基础栽植材料，同时也是很好的盆景材料。

贴梗海棠植株

贴梗海棠花

贴梗海棠枝叶

贴梗海棠果

贴梗海棠重瓣花

被子植物

| 蔷薇科 | Rosaceae | **111** | 日本木瓜（倭海棠）
拉丁名：*Chaenomeles japonica* (Thunb.) Lindl. |

科属：蔷薇科木瓜属

识别要点：落叶低矮灌木，高约1 m。枝开展，有刺。小枝粗糙，圆柱形，幼时紫红色，具绒毛，二年生枝黑褐色，无毛，有瘤状突起。叶片倒卵形、匙形至宽卵形，长3~5 cm，宽2~3 cm，先端圆钝，稀稍急尖，基部楔形至宽楔形，边缘有圆钝锯齿，齿尖向内合拢，无毛，叶柄长约5 mm，无毛；托叶肾形有圆齿。花先叶开放，2~5朵簇生；花梗短或近无梗；花直径2.5~4 cm；花瓣猩红色，倒卵形或近圆形。果实黄色，近球形，有稀疏斑点，具芳香气味；萼片宿存。花期3~6月，果熟期8~10月。

生态习性：喜光，有一定的耐寒性，对土壤要求不严，但喜排水良好的肥沃壤土，不宜在低洼积水处栽植。

观赏特性及园林应用：日本木瓜早春叶前开花，花鲜艳美丽，秋天又有黄色、芳香的果实，是一种优良的观花、观果灌木。宜于草坪、庭院或花坛内丛植或孤植，也可作为绿篱及基础栽植材料，同时也是很好的盆景材料。

日本木瓜花

日本木瓜植株

日本木瓜（倭海棠）果

日本木瓜枝叶

科属：蔷薇科梨属

识别要点：落叶乔木。小枝光滑，或幼时有绒毛，1~2年生枝紫褐色或暗褐色。叶片卵状椭圆形，先端长尖，基部圆形或近心形，边缘具芒刺状锐锯齿，幼时齿端微向内曲，光滑或幼时有毛。伞房花序有6~9朵花，花与叶同放，花瓣白色，花药紫色。果实浅褐色，近球形，顶端微向下陷，有浅色斑点；萼片脱落。种子深褐色，卵形，微扁。花期4月，果熟期7~9月。

生态习性：喜光，喜温暖多雨气候，耐寒力较差。

观赏特性及园林应用：沙梨春季满树白花，夏季硕果累累，是园林结合生产的好树种，园林中可丛植、群植于路边、草坪边。

沙梨果实

沙梨枝叶

113

沙梨花

被子植物

蔷薇科	Rosaceae	*113*	垂丝海棠 拉丁名：*Malus halliana* Koehne

科属：蔷薇科苹果属

识别要点：落叶小乔木。树冠开展。小枝细弱，微弯曲，紫色或紫褐色，圆柱形，有毛，不久脱落。单叶互生，叶片卵形、椭圆形至长圆状椭圆形，先端长渐尖，基部楔形至近圆形，边缘有圆钝细锯齿，上面深绿色，有光泽，常带紫晕，中脉有时具短柔毛，下面无毛，侧脉约4对。伞形总状花序有4~6朵花，花梗紫色，细弱，下垂，花萼紫色；花瓣粉红色，倒卵形，基部有短瓣柄；果实略带紫色，梨形或倒卵形，直径6~8 mm，萼片脱落，果梗长2~5 cm。花期3~4月，果熟期11月。

生态习性：阳性树种，喜光；喜温暖、湿润气候，亦稍耐寒；对土壤的适应性强，较耐旱，忌过湿，否则易烂根死亡。

观赏特性及园林应用：垂丝海棠枝密花繁，早春先叶开花，花梗细长，花朵下垂，花色鲜艳夺目，为著名的春季赏花树木。宜丛植于院前、亭边、墙旁、河畔、草坪等处。

垂丝海棠植株

垂丝海棠果实

垂丝海棠树干

垂丝海棠花

垂丝海棠花

科属：蔷薇科苹果属

识别要点：落叶小乔木。枝直立性强，小枝紫褐色或暗褐色，圆柱形，初被短柔毛，后脱落，具稀疏皮孔。单叶互生，叶片椭圆形至长椭圆形，先端急尖或渐尖，基部楔形，稀近圆形，边缘有尖锐锯齿，嫩叶被短柔毛，下面较密，老时脱落。伞形总状花序有4~7朵花，集生于小枝顶端，花梗紫色，细弱，下垂，被长柔毛，后渐脱落；花瓣粉红色，近圆形或长椭圆形，基部有短瓣柄；果实红色，近球形，直径1~1.5 cm，萼洼、梗洼均下陷；萼片多数脱落，少数宿存。花期4~5月，果熟期8~9月。

生态习性：阳性树种，喜光；喜温暖、湿润气候，亦稍耐寒；对土壤的适应性强，较耐旱，忌过湿。

观赏特性及园林应用：西府海棠春天满树粉红色花朵，秋季红果缀满枝头，是园林中常见的观花、观果树种。宜丛植于院前、亭边、墙旁、河畔、草坪等处。

西府海棠植株

西府海棠花

西府海棠花

西府海棠枝叶

被子植物

| 蔷薇科 | Rosaceae | **115** | 花红
拉丁名：*Malus asiatica* Nakai |

科属：蔷薇科苹果属

识别要点：落叶小乔木。小枝粗壮，圆柱形，嫩枝密被柔毛，老枝暗紫褐色，无毛，疏生浅色皮孔。单叶互生，叶片卵形或椭圆形，先端急尖或渐尖，基部圆形或宽楔形，边缘有细锐锯齿，上面有短柔毛，后渐脱落，下面密被短柔毛；叶柄长1.5~5 cm，具短柔毛。伞形总状花序有4~7朵花，集生于小枝顶端，花梗长1.5~2 cm，密被柔毛；花瓣未开放时粉色，开放后淡粉红色至近白色，倒卵形或长圆状倒卵形，基部有短瓣柄；果实黄色或红色，卵形或近球形，直径2~5 cm，顶端渐狭，不隆起，基部陷入；宿存萼片肥厚隆起。花期4~5月，果熟期8~9月。

生态习性：阳性树种，喜光；耐寒，耐干旱；要求土壤排水良好，管理粗放。

观赏特性及园林应用：花红春天满树淡粉红色或白色花朵，秋季果实缀满枝头；是很好的观花、观果树种。宜植于庭院，或在园林中孤植、丛植于亭边、墙旁、河畔、草坪等处。

花红植株

花红干

花红叶背

花红果实

花红花

花红花蕾、幼叶

科属：蔷薇科棣棠属

识别要点：落叶灌木。小枝绿色，圆柱形，嫩枝有棱，常拱垂，无毛。单叶互生，叶片三角状卵形或宽卵形，先端长渐尖，基部圆形、楔形或微心形，边缘有尖锐重锯齿，两面绿色，上面无毛或微有疏柔毛，下面沿脉或脉腋有柔毛。花单生于当年生侧枝顶端；花直径2.5~6 cm；萼片卵状椭圆形，先端急尖，有小尖头，全缘；花瓣黄色，宽椭圆形，先端下凹，比萼片长1~4倍。瘦果褐色或黑褐色，倒卵形至半球形，有皱褶。花期4~6月，果熟期6~8月。

生态习性：中性，喜光又耐阴；喜温暖湿润气候，耐寒性较差；对土壤要求不严，较耐湿；根萌蘖力强，能自然更新。

观赏特性及园林应用：棣棠枝条拱垂，初夏黄花满枝，观赏价值非常高。宜做花篱、花境栽植，或配植于草坪、山坡、树丛边缘、溪流湖岸、山石之间。

重瓣棣棠（var. *pleniflora* Witte）：为棣棠之变种，花重瓣，一般不结实。

棣棠花

重瓣棣棠植株

棣棠枝叶

棣棠植株

重瓣棣棠花

被子植物

蔷薇科	Rosaceae	117	缫丝花（刺梨）

拉丁名：*Rosa roxburghii* Tratt

科属：蔷薇科蔷薇属

识别要点：落叶或半常绿灌木。树皮灰褐色，片状剥落。小枝无毛，在托叶下有成对微弯扁皮刺。一回奇数羽状复叶互生，小叶9~15枚；叶轴散生小皮刺；托叶大部贴生于叶柄，离生部分呈钻形，边缘有腺毛；小叶片椭圆形或长圆形，稀倒卵形，先端急尖或圆钝，基部宽楔形，边缘有细锐锯齿，两面无毛，下面叶脉隆起，细脉亦明显；小叶柄散生小皮刺。花单生或2~3朵生于短枝顶端；花梗短；花直径5~6 cm，重瓣至半重瓣，微具芳香；萼片通常宽卵形，先端渐尖，有羽状裂片，内面密生绒毛，外面密生针刺；花瓣淡红色或粉红色，倒卵形，外轮大，内轮较小。果扁球形，直径3~4 cm，绿红色，外面密生针刺；萼片宿存，直立。花期5~7月，果熟期8~10月。

生态习性：喜光，稍耐阴；喜温暖湿润气候，较耐寒；对土壤要求不严，较耐湿；根萌蘖力强，能自然更新。

观赏特性及园林应用：缫丝花花大色艳，果实既可观赏又可食用，在园林中宜做花篱、花境栽植，或配植于草坪、山坡、树丛边缘、溪流湖岸、山石之间。

缫丝花果实

缫丝花植株

缫丝花花朵

缫丝花花朵

重瓣黄木香花

科属： 蔷薇科蔷薇属

识别要点： 落叶或半常绿攀援灌木。树皮红褐色，薄条状剥落。小枝绿色，有小皮刺，老枝上的皮刺较大，坚硬，有时无刺。一回奇数羽状复叶互生，小叶3~5枚，稀7枚；叶轴有稀疏柔毛，并散生小皮刺；托叶线状披针形，膜质，离生，早落；小叶片椭圆状卵形或长圆状披针形，先端急尖或稍钝，基部近圆形或宽楔形，边缘有紧贴细锯齿，上面深绿色，无毛，下面淡绿色，中脉隆起，沿脉有柔毛；小叶柄有稀疏柔毛，并散生小皮刺。伞形状花序有花多朵；花梗长2~3 cm；花小，直径1.5~2.5 cm，重瓣至半重瓣，芳香；萼片卵形，先端长渐尖，全缘；花瓣白色，倒卵形，先端圆，基部楔形。果实近球形，直径6~8 mm。花期4~5月，果熟期8~9月。

生态习性： 喜光，较耐寒，耐热；适生于排水良好的微酸性至中性土壤，忌水涝；萌芽力强，耐修剪。

观赏特性及园林应用： 木香，花繁茂，洁白而芳香。在园中常做棚架、山石和墙垣的攀附材料。

重瓣黄木香（var.*lutea* Lindl.）：为木香之变种，花黄色，重瓣，香味甚淡，花朵较多，花期较长。

重瓣黄木香应用

木香花

木香叶片

被子植物

| 蔷薇科 | Rosaceae | **119** | 玫瑰
拉丁名：*Rosa rugosa* Thunb. |

科属：蔷薇科蔷薇属

识别要点：落叶直立丛生灌木。茎较粗壮，灰褐色，小枝密被绒毛，并有针刺、皮刺和腺毛，皮刺淡黄色，直或弯曲。一回奇数羽状复叶互生，叶柄和叶轴密被绒毛和腺毛。小叶5~9枚，椭圆形至椭圆状倒卵形，先端锐尖或圆钝，基部圆形或宽楔形，缘有钝齿，质厚；表面亮绿色，多皱，无毛，背面有柔毛及刺毛；托叶大部附着于叶柄上。花单生或数朵聚生，常为紫色，芳香，直径6~8 cm。果实扁球形，直径2~2.5 cm，砖红色，具宿存萼片。花期5~6月，果熟期9~10月。

生态习性：生长健壮，适应性强，耐寒、耐旱，对土壤要求不严。喜阳光充足、凉爽而通风及排水良好之处，在肥沃的中性或微酸性轻壤土中生长和开花最好。在阴处生长不良，开花稀少。不耐积水。萌蘖力很强，生长迅速。

观赏特性及园林应用：玫瑰色艳花香，适应性强，最宜做花篱、花境、花坛及坡地栽植。

玫瑰花

玫瑰叶片、花蕾

玫瑰植株

科属：蔷薇科蔷薇属

识别要点：常绿或半常绿直立灌木，小枝粗壮，圆柱形，近无毛，有短粗的钩状皮刺或无刺。一回奇数羽状复叶互生，小叶3~5枚，稀7枚，叶轴有散生皮刺和腺毛；托叶大部贴生于叶柄，先端分离部分耳状，有腺毛；小叶片宽卵形至卵状长圆形，先端长渐尖或渐尖，基部近圆形或宽楔形，边缘有锐锯齿，两面近无毛，上面暗绿色，有光泽，下面色较浅；顶生小叶有柄，侧生小叶近无柄。花数朵集生或单花；近无毛或有腺毛；萼片卵形，先端尾状渐尖，幼时呈叶状，边缘常有羽状裂片，稀全缘，花瓣红色或粉红色，稀白色，倒卵形，先端凹缺，基部楔形。果卵球形或梨形，红色，长1~2 cm。花期4~10月，果熟期6~11月。其品种繁多，已达万余种。

生态习性：喜光，但过于强烈的阳光照射又对花蕾发育不利，花瓣易焦枯；喜温暖，较耐寒，夏季高温对开花不利；对土壤要求不严，但以富含有机质、排水良好而微酸性土壤最好。萌芽力强，耐修剪。

观赏特性及园林应用：月季花色艳丽、花期长。宜做花坛、花境及基础栽植用，在草坪、园路角隅、庭院、假山等处配植也很合适，还常用做盆花和切花。

月季果

月季花

月季花

月季花

月季花

月季花

被子植物

| 蔷薇科 | Rosaceae | **121** | 野蔷薇（多花蔷薇）
拉丁名：*Rosa multiflora* Thunb. |

科属：蔷薇科蔷薇属

识别要点：落叶攀援灌木。小枝无毛，有短粗稍弯曲皮刺。一回奇数羽状复叶互生，小叶5~9枚，近花序的有时小叶为3枚；叶轴和叶柄有短柔毛或腺毛；托叶大部贴生于叶柄，边缘篦齿状，有腺毛；小叶片倒卵形、长圆形或卵形，先端急尖或圆钝，基部近圆形或楔形，边缘有尖锐锯齿，稀间有重锯齿，上面无毛，下面有柔毛；小叶柄有柔毛或无毛，散生腺毛。花多朵，排成圆锥状花序；花直径1.5~2 cm，单瓣；花瓣白色或略带粉晕，宽倒卵形，先端微凹，基部楔形。果近球形，直径6~8 mm，红褐色或紫褐色，有光泽，无毛，萼片脱落。花期5~7月，果熟期10月。

生态习性：性强健，喜光，耐寒，对土壤要求不严，在黏重土中也可正常生长。萌芽力强，耐修剪。

观赏特性及园林应用：月季花色艳丽、花期长。宜做花坛、花境及基础栽植用，在草坪、园路角隅、庭院、假山等处配植也很合适，还常用做盆花和切花。

荷花蔷薇（f.*carnea* Thory）：为野蔷薇之变型，花重瓣，粉红色，多朵成簇，甚美丽。

荷花蔷薇

野蔷薇果实

野蔷薇花

野蔷薇托叶、小叶

荷花蔷薇植株

科属：蔷薇科李属

识别要点：落叶乔木，树冠宽广平展；树皮暗红褐色，老时粗糙呈鳞片状。小枝绿色，向阳面而变成红色，细长，无毛，有光泽，皮孔小而多；单叶互生，叶片长圆状披针形、椭圆状披针形或倒卵状披针形，先端渐尖，基部宽楔形，边缘有细锯齿或粗锯齿，齿端具腺体或无；上面无毛，下面在脉腋间具有少数短柔毛或无毛；叶柄长1~2 cm，具1至数个腺体，有时无腺体。花单生，先叶开放，花直径2.5~4.5 cm，花瓣粉红色，罕白色，长圆状椭圆形至宽倒卵形，基部楔形。核果淡绿白色至橙黄色，常在向阳面具红晕，形状大小多变，卵形、宽椭圆形或扁圆形；密被短柔毛，稀无毛，腹缝明显，果肉多汁，有香味，甜或微酸；果梗短，深入果洼；核大，椭圆形或近圆形，两侧扁平，顶端渐尖，外面具纵、横纹和乳穴。花期3~4月，果熟期5月下旬至9月。

生态习性：喜光，耐旱，喜肥沃而排水良好土壤，不耐水湿，碱性土及黏重土均不适宜。喜夏季高温，有一定耐寒力。根系较浅，寿命较短。

观赏特性及园林应用：桃花先叶开放，盛开时灿若云霞，夏秋季节又有果可观、可食，是我国传统园林花木。园林中可植于山坡、水边，石旁、墙际、庭院、草坪边等，还可开辟专类园。

桃花

桃植株

桃枝叶

桃果实

被子植物

桃常见变种与变型：

油桃（var.*nectarine* Maxim）：为桃之变种，果实成熟时光滑无毛，形较小；叶片锯齿较尖锐。

蟠桃（var.*compressa* Bean）：为桃之变种，果实扁平，两端均凹入，核小而不规则。

红碧桃（f.*rubro~plena* Schneid.）：为桃之变型，花红色，复瓣。

洒金碧桃（f.*versicolor* Voss）：为桃之变型，花复瓣或近重瓣，白色或粉红色，同一株上花有二色，或同朵花上有二色。

碧桃（f.*duplex* Rehd.）：为桃之变型，花重瓣，淡红色。

白碧桃（f.*alba~plena* Schneid）：为桃之变型，花复瓣或近重瓣，白色。

紫叶桃（f.*atropurpurea* Schneid.）：为桃之变型，叶为紫红色；花为单瓣或重瓣，淡红色。

油桃　　　蟠桃　　　红碧桃

洒金碧桃　　　碧桃　　　白碧桃

紫叶桃　　　紫叶桃

杏
拉丁名：*Prunus armeniaca* Linn.

科属：蔷薇科李属

识别要点：落叶乔木，树冠圆形、扁圆形或长圆形。树皮灰褐色，纵裂。老枝浅褐色，皮孔大，横生，当年生枝浅红褐色，有光泽，无毛，具多数小皮孔。单叶互生，叶片宽卵形，先端急尖至短渐尖，基部圆形至近心形，边缘有圆钝锯齿，两面无毛或下面在脉腋间具柔毛；叶柄长2~3.5 cm，多带红色，基部常具1~6个腺体。花单生，先叶开放，花直径2~3 cm，花梗长1~3 mm，花萼紫绿色，萼片花后反折；花瓣粉红色或白色，圆形至倒卵形，具短瓣柄。核果白色、黄色至黄红色，常在向阳面具红晕，球形，稀倒卵形，微被短柔毛；果肉多汁，核椭圆形或卵形，两侧扁平，顶端圆钝，表面稍粗糙或平滑。花期3~4月，果熟期6~7月。

生态习性：喜光，耐旱，耐寒也耐高温，对土壤要求不严，可在轻盐碱地上栽种。极不耐涝，也不喜空气湿度过高。根系发达，但萌芽力及发枝力较弱，不宜过分重剪，一般采用自然形整枝。

观赏特性及园林应用：杏树早春开花，繁茂美观，除在庭院少量种植外，宜群植、林植于山坡、水畔。

杏花

杏叶

杏植株

被子植物

蔷薇科	Rosaceae	**124**	梅 拉丁名：*Prunus mume* Sieb. et Zucc.

科属：蔷薇科李属

识别要点：落叶小乔木。树干褐紫色，有纵裂纹。小枝绿色，细长，光滑无毛。单叶互生，叶片卵形或椭圆形，先端尾尖，基部广楔形或近圆形，边缘有细尖锯齿，多仅叶背脉上有毛。叶柄长1~2 cm，常有腺体。花1~2朵，有浓香，先叶开放，花直径2~2.5 cm，花梗长1~3 mm，花萼常红褐色，萼片花后不反折；花瓣白色至粉红色，倒卵形。核果黄色或绿白色，近球形，被柔毛，味酸；果肉与核粘贴；核椭圆形，顶端圆，有小突尖，基部渐狭成楔形，两侧微扁，表面具蜂窝状孔穴。花期2~3月，果熟期5~6月。栽培历史悠久，变种、变型、品种甚多。

生态习性：喜光，喜温暖而略潮湿的气候，有一定耐寒力。对土壤要求不严，较耐贫瘠土壤，亦能在轻碱性土中正常生长。最忌积水，忌在风口处栽植。寿命长。

观赏特性及园林应用：梅为中国传统的果树和名花，栽培历史悠久。树姿古朴、花色素雅、花姿秀丽、花香宜人、果实丰盛，且在冬末春初绽放，象征不畏风雪、勇于抗争和坚贞不屈的精神，古人常以松、竹、梅为"岁寒三友"配植成景色。园林中常用孤植、丛植、群植等方法配植在房前、石间、路旁和池畔，梅也是优良的盆景材料。

梅花

梅花

梅花

梅花

梅花

梅树干

梅果实

梅植株

李
拉丁名：*Prunus salicina* Lindl.

科属：蔷薇科李属

识别要点：落叶乔木。树皮灰褐色，起伏不平。小枝黄红色，无毛；老枝紫褐色或红褐色。单叶互生，叶片长椭圆状倒卵形、长椭圆形，稀宽卵形，先端渐尖、短尾尖或急尖，基部楔形，边缘圆钝重锯齿，常间有单锯齿。叶柄顶端有2个腺体或无，有时在叶片基部边缘有腺体。花通常3朵并生，先叶开放，花梗长1~2 cm，花直径1.5~2.2 cm；花瓣白色，长圆状倒卵形。核果黄色、红色、绿色或紫色，外被蜡粉，球形、卵形或近圆锥形，梗洼陷入，顶端微尖，基部有纵沟；核宽卵形或长圆形，有皱纹。花期4月，果熟期7~8月。为温带重要果树之一，有很多优良品种。

生态习性：喜光，也能耐半阴；耐寒；喜肥沃湿润的黏质壤土，在酸性土、钙质土中均能生长，不耐干旱和瘠薄，也不宜在长期积水处栽种。浅根性，但根系水平发展较广。幼龄期生长迅速，寿命40年左右。

观赏特性及园林应用：李树花白而繁茂，观赏效果极佳，果又丰产，是自古以来普遍栽培的果树之一。在庭院、宅旁、村旁或风景区栽植都很合适。

李花枝

李果实

李植株

127

被子植物

科属：蔷薇科李属

识别要点：落叶小乔木。树皮褐色，有裂纹。多分枝，小枝暗紫红色，无毛。单叶互生，叶片椭圆形、卵形或倒卵形，先端急尖，基部楔形或近圆形，边缘有腺锯齿，有时间杂有重锯齿，两面终年红紫色，无毛。叶柄长6~12 mm，红紫色。花单生，与叶同时开放；花梗长约1 cm，花直径约2.5 cm；花瓣淡粉红色，长圆形，边缘波状。核果小，暗紫红色，近球形。花期3~4月，果熟期7~8月。

生态习性：喜光，在庇荫时叶色不鲜艳；喜温暖、湿润环境，但耐寒性较强；浅根性，喜肥沃湿润而排水良好的黏质壤土，稍耐干旱瘠薄；生长势强，萌芽力强，耐修剪。

观赏特性及园林应用：紫叶李枝叶常年红紫色，观叶期长，春季花朵繁密，色泽素雅，是优良的观花、观叶树种。园林中宜栽植于建筑物前、园路旁或草坪角隅处，孤植、列植、丛植、群植皆甚相宜。

紫叶李树干

紫叶李果实

紫叶李花

紫叶李植株

科属：蔷薇科李属

识别要点：落叶小乔木。树皮灰白色，小枝灰褐色，无毛或被疏柔毛。单叶互生，叶片卵形或长圆状卵形，先端渐尖或尾状渐尖，基部圆形，边缘有尖锐重锯齿，齿端有小腺体，叶面有毛或微有毛，背面疏生柔毛；叶柄靠近叶基部有两个腺点。花3~6朵簇生成总状花序，先叶开放；花瓣奶白色，宽卵形，先端凹陷或2裂。核果红色，近球形。花期3~4月，果熟期5~6月。

生态习性：阳性树种，喜日照充足、温暖而略湿润气候及肥沃而排水良好的沙壤土；有一定的耐寒与抗寒力。萌蘖力强，生长迅速。

观赏特性及园林应用：樱桃先叶开花，白里透红，春末果熟，红若珊瑚，极为美观，是园林中观赏与食用兼顾的优良树种。宜孤植于庭院，丛植于公园路边，草坪边缘，亭旁，河畔等。

樱桃果实

樱桃树干

樱桃花

樱桃植株花期

樱桃植株

被子植物

蔷薇科	Rosaceae	**128**	东京樱花（日本樱花、樱花）
			拉丁名：*Prunus X yedoensis* Matsum.

科属：蔷薇科李属

识别要点：落叶乔木。树皮灰色，小枝淡紫褐色，无毛，嫩枝绿色，被疏柔毛；叶片椭圆状卵形或倒卵形，先端渐尖或骤尾尖，基部圆形，稀楔形，边缘有尖锐重锯齿，齿端渐尖，有小腺体。叶柄顶端有1~2枚腺体，有时无腺体。花先叶开放，伞形总状花序有花3~4朵；萼筒管状；花瓣白色或粉红色，椭圆状卵形，先端凹陷，全缘。核果黑色，近球形。花期4月，果熟期5月。

生态习性：喜光，较耐寒，根系较浅，不耐水湿，生长较快，但树龄较短。

观赏特性及园林应用：东京樱花春天开花时满树灿烂，非常美观，但花期较短，只能保持1周左右即谢尽；宜丛植、群植于山坡、庭院、建筑物前及园路旁。

东京樱花树干

东京樱花植株

东京樱花

东京樱花幼果

蔷薇科 **Rosaceae** **129**

日本晚樱
拉丁名：*Prunus serrulata* Lindl.var. *lannesiana* (Carr.) Makino

科属：蔷薇科李属

识别要点：落叶乔木。树皮淡灰色，较粗糙；小枝较粗壮而开展，无毛；叶片常为倒卵形，先端渐尖，呈长尾状，边缘有带长芒刺状重锯齿；叶柄上部有1对腺体，新叶无毛，带淡紫褐色。花形大而芳香，与叶同放，重瓣，常下垂，1~5朵排成伞房花序，萼筒短，钟状；花瓣白色或粉红色，先端凹陷，花期长。核果黑色，卵形。花期4月中下旬。有许多变种及品种。

生态习性：喜光，较耐寒，不耐热，根系较浅，不耐水湿，在排水良好而深厚的微酸性土上生长良好。

观赏特性及园林应用：日本晚樱花繁叶茂，色彩鲜艳，十分壮观，秋季树叶又变为红褐色，为重要的园林观花、观叶树种，宜孤植、丛植或群植于山坡、庭园或建筑物前，也可列植做园路行道树。

日本晚樱花

日本晚樱秋叶

日本晚樱树干

日本晚樱植株

日本晚樱叶片

131

被子植物

| 蔷薇科 | Rosaceae | **130** | 郁李
拉丁名：*Prunus japonica* Thunb. |

科属：蔷薇科李属

识别要点：落叶灌木。小枝灰褐色，细长，嫩枝绿色或绿褐色，无毛；叶片卵形、卵状椭圆形至卵状披针形，先端长渐尖，基部圆形，边缘有尖锐细重锯齿。花先叶开放或与叶同放，1~3朵簇生，花瓣粉红或近白色，先端钝。核果深红色，球形。花期3~4月，果熟期6~7月。

生态习性：喜光，耐寒；对土壤要求不严，唯石灰岩山地生长最盛，耐干旱。萌蘖力强，易繁殖更新；不畏烟尘，抗性较强。

观赏特性及园林应用：郁李开花繁茂，果实深红色，是园林中重要的观花观果树种。常丛植于草坪、山石旁、林缘、建筑物前，或点缀于庭院路边，也可做花篱、花境。

重瓣郁李（var. *kerii* Koehne）：为郁李之变种，花半重瓣。

重瓣郁李

郁李枝叶

郁李植株

郁李花

科属：蔷薇科李属

识别要点：落叶灌木。小枝灰棕色或灰褐色，无毛或嫩枝被短柔毛；叶片卵状长圆形或长圆状披针形，先端急尖而常圆钝，基部广楔形，边缘有细钝重锯齿。花先叶开放或与叶同放，花单生或2朵簇生，花瓣白色或粉红色，倒卵形，花期长。核果红色，球形。花期3~4月，果熟期6~7月。

生态习性：喜光，较耐寒。

观赏特性及园林应用：麦李春季开花时满树灿烂，甚为美观。园林中宜丛植于草坪边、路边、假山旁、林缘等，也可做基础栽植或做盆花等。

麦李枝叶

麦李花枝

麦李植株

被子植物

豆科	Leguminosae	**132**	山合欢

拉丁名：*Albizia kalkora* (Roxb.) Prain

科属： 豆科合欢属

识别要点： 落叶乔木，树皮深灰色，纵裂成块状剥落。小枝深褐色，被短柔毛。二回偶数羽状复叶互生，羽片2~4或2~6对，叶柄基部1~2 cm处及羽片轴最顶端1对小叶下各有1腺体；每羽片有小叶10~28枚，小叶对生；小叶片长圆形或长圆状卵形，先端圆钝，有细尖头，基部偏斜，全缘，中脉偏向内侧叶缘，但绝不紧靠。头状花序2~5个生于叶腋，或多个在枝顶排成伞房状，花冠白色，雄蕊花丝黄白色，稀粉红色，长于花冠数倍，基部联合成管状。荚果扁平。有6~11粒种子，熟时深棕色。种子黄褐色，长圆形。花期6~7月，果熟期9~10月。

生态习性： 极喜光，较耐寒，不耐涝，不择土壤，适应性强，病虫害少。

观赏特性及园林应用： 山合欢树形飘逸，夏季又有花可观，可用做行道树、庭荫树及荒山、荒坡造林先锋树种。

山合欢树干

山合欢叶片

山合欢荚果

山合欢花

山合欢植株

科属：豆科合欢属

识别要点：落叶乔木，树皮灰褐色，密生皮孔，树冠开展。小枝微具棱。二回偶数羽状复叶互生，羽片4~12（20）对，叶柄近基部有1长圆形腺体；每羽片有小叶20~60枚，小叶对生；小叶片镰形或斜长圆形，先端有小尖头，中脉紧靠内侧叶缘。头状花序多个排成伞房状圆锥花序，顶生或腋生；花序轴常呈"之"字形折曲；花冠淡粉红色，雄蕊多数，花丝基部联合，上部粉红色；花芳香。荚果带状，扁平。种子褐色，椭圆形，扁平。花期6~7月，果熟期9~10月。

生态习性：喜光，但树干皮薄畏暴晒，否则易开裂。耐寒性较差。对土壤要求不严，能耐干旱、瘠薄，但不耐水涝。生长迅速，枝条开张，树冠常偏斜，分枝点较低。

观赏特性及园林应用：合欢树姿优美，叶形雅致，盛夏绒花满树，不仅美观还有芳香。宜做庭荫树、行道树，或植于林缘、房前、草坪、山坡等地。

合欢树叶

合欢果实

合欢花

合欢树干

合欢植株

135

被子植物

豆科　Leguminosae　**134**

银荆树
拉丁名：*Acacia dealbata* Link

科属：豆科金合欢属

识别要点：常绿乔木，树皮灰绿色，平滑。小枝微具棱，被灰色短绒毛。二回偶数羽状复叶互生，羽片8~25对，叶柄及每对羽片着生处均有1腺体；每羽片有小叶60~100枚，小叶对生；小叶片线形，银灰色至淡绿色，被灰白色短柔毛。多数头状花序排成腋生的总状花序或顶生的圆锥花序，花小，花冠淡黄至深黄色。荚果红棕色或黑色，带状，有种子3~10粒。种子椭圆形，扁平。花期1~4月，果熟期5~8月。

生态习性：喜光，不耐庇荫。喜温暖湿润气候，对土壤pH要求不严，微酸性、中性、微碱性土均能生长，但以土层深厚疏松、排水良好、肥沃的沙质壤土生长为好。较耐寒，适宜于长江流域偏南地区种植。生长迅速，抗逆性强。

观赏特性及园林应用：银荆树四季常绿，树形优美，叶色银灰，早春开始开满黄色花朵，观赏价值极高。可在避风处做行道树，孤植、丛植于草坪。可做行道树或在庭园做孤植、丛植布置，或做荒山绿化先锋树及水土保持树种。

银荆树植株

银荆树花

银荆树花序

科属：豆科紫荆属

识别要点：落叶灌木或小乔木，栽培者多呈丛生灌木状。小枝无毛，具明显皮孔。单叶互生，叶片近圆形，先端急尖或骤尖，基部心形，幼叶下面有疏柔毛，后两面无毛。花先叶开放，多数簇生于老枝上；花梗纤细，花冠稍两侧对称，紫红色。荚果薄革质，带状，扁平，顶端稍收缩而有短喙，基部长渐狭，沿腹缝线有窄翅，具明显网纹；有种子2~8粒。种子深褐色，光亮，阔长圆形。花期4~5月，果熟期7~8月。

生态习性：喜光，稍耐阴，较耐寒。喜肥沃、排水良好土壤，耐旱，不耐淹。萌蘖性强，耐修剪。对有毒气体有一定的抗性。

观赏特性及园林应用：紫荆早春先叶开花，满树紫色，艳丽可爱。园林中宜丛植于庭院、建筑物前及草坪边缘。

紫荆荚果

紫荆植株

紫荆花

紫荆叶

137

被子植物

豆科	Leguminosae	**136**	紫叶加拿大紫荆 拉丁名：*Cercis canadensis* cv. Forest Pansy

科属：豆科紫荆属

识别要点：紫叶加拿大紫荆是加拿大紫荆的一个园艺品种，落叶灌木或小乔木，树冠开张，平顶或圆形，单叶互生，全缘，心形，叶片紫红色。花先叶开放，数朵簇生于老枝上；花梗细长，花冠稍两侧对称，紫红色。荚果红褐色，较扁平，经冬不落。花期4~5月。

生态习性：喜光，略耐阴，较耐寒。幼树适宜在潮湿而排水好的土壤，成熟时则喜较为干燥的土壤；对土壤酸碱度要求不严，酸性、碱性或稍黏重的土壤都可栽培。较耐高温干旱。对Cl_2有一定的抗性。

观赏特性及园林应用：紫叶加拿大紫荆是集观叶、观花于一体的优秀彩叶景观树种，叶色紫红亮丽，花色鲜艳，观赏期较长，生长速度较快。可种植于庭院、路边等地，可以孤植、丛植、群植、对植等。

紫叶加拿大紫荆叶

紫叶加拿大紫荆植株

紫叶加拿大紫荆叶

紫叶加拿大紫荆花

科属：豆科皂荚属

识别要点：落叶乔木。树皮暗灰色，粗糙不裂；分枝刺粗壮，从中部至顶部呈圆锥形，稀无刺。小枝无毛。一回偶数羽状复叶；小叶片卵形，长圆状卵形或卵状披针形，先端圆钝，具短尖头，基部圆形或楔形，有时稍偏斜，叶缘具细锯齿或较粗锯齿。总状花序细长，腋生或顶生；花杂性；花萼4裂，花瓣4枚，黄白色。荚果扁、稍肥厚，木质，劲直或略弯曲，基部渐狭呈长柄状；经冬不落；有多数种子。种子红棕色，有光泽，长椭圆形，扁平。花期5~6月，果熟期8~12月。

生态习性：喜光而稍耐阴。喜温暖湿润气候及深厚肥沃适当湿润土壤，但对土壤要求不严，在石灰质及盐碱性土壤甚至黏土或沙土上均能正常生长。生长速度较慢但寿命较长。深根性树种。

观赏特性及园林应用：皂荚树冠宽广，叶密荫浓，宜做庭荫树及四旁绿化或造林用。

皂荚植株

皂荚枝刺

皂荚果实

139

被子植物

豆科	Leguminosae	**138**	云实
			拉丁名：*Caesalpinia decapetala* (Roth) Alston

科属：豆科云实属

识别要点：落叶攀援灌木；全体散生倒钩状皮刺。幼枝及幼叶被褐色或灰黄色短柔毛，后渐脱落，老枝红褐色。二回偶数羽状复叶；羽片3~10对，小叶6~12对；小叶片长圆形，两端钝圆，微偏斜，全缘，两面均被脱落性短柔毛；小叶柄极短。总状花序顶生，直立，具多花，密被短柔毛；花梗长3~4 cm，顶端具关节；花冠黄色，花瓣5枚，上方一枚较小位于最内面，其余4枚近等长。荚果栗褐色，脆革质，长圆形，扁平，略肿胀，顶端有尖喙，沿腹缝线有宽约3 mm狭翅，成熟时沿腹缝线开裂，有6~9粒种子。种子棕色，长圆形。花期4~5月，果熟期9~10月。

生态习性：阳性树种，稍耐阴，喜温暖湿润气候，不耐干旱，对土质要求不严，萌生力强。

观赏特性及园林应用：云实攀援性强，树冠分枝繁茂，花黄色有光泽，宜做花架、花廊的垂直绿化，也可修剪成绿篱或在庭院中丛栽，形成春花繁盛、夏果低垂的自然野趣。

云实花

云实植株

云实花序

云实荚果

槐树
拉丁名：*Sophora japonica* Linn.

科属：豆科槐属

识别要点：落叶乔木。树皮暗灰色，呈块状深裂；二年生枝绿色，皮孔明显。一回奇数羽状复叶，有小叶7~17枚；小叶对生，卵状长圆形或卵状披针形，先端急尖至渐尖，基部宽楔形，下面有白粉及柔毛；小叶柄密生白色短柔毛。圆锥花序顶生；花冠蝶形，浅黄绿色。荚果黄绿色，肉质，串珠状，不裂，有1~6粒种子。种子棕黑色，椭圆形或肾形。花期7~8月，果熟期9~10月。

生态习性：喜光，略耐阴。喜干冷气候，但也能耐高温多湿的环境。喜深厚排水良好的沙质壤土，但在石灰性、酸性及轻盐碱土上均能正常生长；在干燥、贫瘠的山地及低洼积水处生长不良。耐烟尘，对SO_2、Cl_2、HCl均有较强的抗性。生长速度中等，寿命极长。根系发达，为深根性树种，萌芽力强。

观赏特性及园林应用：槐树树冠宽广，枝叶繁茂，寿命长又耐城市环境，是良好的行道树和庭荫树，也是厂矿区绿化的好树种。

龙爪槐（盘槐）（var.*pendula* Lour.）：为槐树之变种，小枝弯曲下垂，树冠呈伞状，其余特征同原种。

槐树植株

龙爪槐小枝

龙爪槐蝶形花

龙爪槐植株

槐树果枝

龙爪槐花枝

被子植物

豆科	Leguminosae	**140**	刺槐 拉丁名：*Robinia pseudoacacia* Linn.

科属：豆科刺槐属

识别要点：落叶乔木。树皮灰褐色至黑褐色，深纵裂。小枝暗褐色，常有托叶刺。奇数羽状复叶互生，小叶7~19枚；小叶片椭圆形、长圆形或宽卵形，先端圆形或微凹，有时有小尖头，基部圆形或宽楔形，两面无毛或下面幼时被绢状毛。总状花序长10~20 cm，花萼钟状，花冠白色，芳香，旗瓣基部有2黄色斑点。荚果赤褐色，线状长圆形，扁平，有3~10粒种子。种子黑褐色，肾形，扁平。花期4~5月，果熟期9~10月。

生态习性：温带强阳性树种，极喜光，忌荫蔽；喜干燥而凉爽气候，耐寒力强；喜排水良好而深厚疏松的土壤，也耐干旱瘠薄，耐轻度盐碱；浅根性，萌芽力和根蘖性都很强，生长快速，寿命较短。

观赏特性及园林应用：刺槐树体高大，枝叶茂密，花白而芳香，生长势强，既可做庭荫树、行道树，又是四旁绿化、厂矿区绿化及荒山造林的先锋树种。

红花刺槐（f.*decaisneana* (Carr.) Voss）：为刺槐之变型，花冠粉红色，其余特征同原种。

刺槐花　　刺槐树干　　刺槐植株　　刺槐托叶刺　　红花刺槐花

科属：豆科锦鸡儿属

识别要点：落叶灌木，高达2 m。小枝无毛。羽状复叶有小叶2对；托叶硬化成针刺。叶轴脱落或硬化成针刺而宿存；小叶羽状排列，在短枝上的有时为假掌状排列，倒卵形或长圆状倒卵形，上部1对通常较大，革质，先端圆或微缺，具刺尖或无，基部楔形或宽楔形。花单生，花梗长约1 cm，中部具关节。花萼钟状，基部偏斜；花冠黄色，常带红色。荚果圆筒形，长3~3.5 cm。花期4~5月。

生态习性：喜光，耐寒，适应性强，不择土壤又能耐干旱瘠薄，能生于岩石缝隙中。耐修剪。

观赏特性及园林应用：锦鸡儿叶色鲜绿，开花繁茂，在园林中可植于岩石旁、小路边，或做绿篱用，也是优良的盆景材料。

锦鸡儿枝叶

锦鸡儿植株

锦鸡儿花枝

被子植物

| 豆科 | Leguminosae | **142** | 红花锦鸡儿
拉丁名：*Caragana rosea* Turcz. |

科属：豆科锦鸡儿属

识别要点：落叶灌木，高达1 m。老枝绿褐色或灰褐色，小枝细长。假掌状复叶有小叶2对；托叶在长枝上的呈细针刺状，宿存，在短枝上的脱落；叶轴呈针刺状，脱落或宿存；小叶倒卵形，近革质，先端圆钝或微凹，具刺尖，基部楔形，无毛或有时下面沿脉疏被柔毛。花单生；花萼管状钟形，常带紫红色，基部不膨大，或下部稍膨大；花冠黄色，龙骨瓣玫瑰红色，后变红色。荚果圆筒形，长3~6 cm，无毛。花期4~5月。

生态习性：喜光，耐寒力强；耐干旱瘠薄土地。生长快速。

观赏特性及园林应用：红花锦鸡儿叶色鲜绿，开花繁茂，在园林中可植于岩石旁、小路边，或做绿篱用，也是优良的盆景材料。

红花锦鸡儿树干

红花锦鸡儿植株

红花锦鸡儿叶片

红花锦鸡儿花

科属：豆科紫藤属

识别要点：落叶木质藤本；茎皮黄褐色。嫩枝伏生丝状毛，后渐无毛。奇数羽状复叶互生，小叶7~13枚；小叶片卵状披针形或卵状长圆形，先端渐尖或尾尖，基部圆形或宽楔形，幼时两面被柔毛，后渐脱落，仅中脉被柔毛。花先叶开放或与叶同放，芳香，总状花序生于去年生枝顶端，长15~30 cm，下垂，花密集；花冠紫色或深紫色，旗瓣近圆形，反折，翼瓣和龙骨瓣稍短于旗瓣。荚果线性或线状倒披针形，扁平，密被灰黄色绒毛；有1~3（5）粒种子，成熟时开裂。种子灰褐色，扁圆形，种皮有花纹，花期4~5月，果实成熟期9~10月。

生态习性：阳性，喜光，略耐阴；深根性，适应力强，耐干旱瘠薄，忌水湿；萌蘖力强，生长迅速，寿命长。

观赏特性及园林应用：紫藤枝叶茂密，庇荫效果强，春天开花，穗大而美，有芳香，是优良的棚架、门廊、枯树及假山绿化材料，也可制做成盆景观赏。

紫藤树干

紫藤叶片

紫藤花序

紫藤荚果

紫藤花架应用

被子植物

| 豆科 | Leguminosae | **144** | 常春油麻藤
拉丁名：*Mucuna sempervirens* Hemsl. |

科属：豆科油麻藤属

识别要点：常绿木质藤本。树皮暗褐色，茎枝有明显纵沟。羽状三出复叶互生，叶柄具浅沟，小叶片革质，全缘；顶生小叶片卵状椭圆形或卵状长圆形，先端渐尖或短渐尖，基部圆楔形；侧生小叶基部偏斜。总状花序生于老茎上，花多数，花萼钟状，外面有稀疏锈褐色长硬毛；花冠紫红色，大而美丽，旗瓣宽卵形，翼瓣卵状长圆形。荚果近木质，长线性，扁平，被黄锈色毛，两缝线有隆起的脊，表面无皱襞，种子间沿两缝线略缢缩；有10~17粒种子。种子棕褐色，扁长圆形。花期4~5月，果实成熟期9~10月。

生态习性：喜光，稍耐阴，喜温暖湿润气候，适应性强，耐寒，耐干旱和耐瘠薄，对土壤要求不严，喜深厚、肥沃、排水良好、疏松的土壤。

观赏特性及园林应用：常春油麻藤四季常绿，枝叶茂密，花大而美，是优良的棚架绿化材料。也可用于房屋前后阳台、栅栏、高速公路护坡及绿化面积不足、不便绿化的地方。

常春油麻藤花

常春油麻藤花

常春油麻藤叶片

常春油麻藤植株

科属：芸香科花椒属

识别要点：常绿灌木或小乔木。枝无毛，散生劲直扁皮刺，老枝皮刺基部木栓化。奇数羽状复叶，有小叶3~5（9）枚；叶轴及叶柄有宽翅，稀窄狭；叶柄基部有1对托叶状皮刺；小叶片薄革质，形状变异很大，通常披针形，有时卵形、椭圆形或线状披针形，先端急尖至渐尖，基部楔形至宽楔形，边缘有细小圆齿，齿缝有1粗大油点，两面无毛，或仅下面基部中脉两侧丛生柔毛，小叶有短柄或近无柄。聚伞状圆锥花序，腋生或生于侧枝顶端；花单性，细小，黄绿色；花被片6~8枚，雄花的雄蕊6~8枚。蓇葖果红色，外面有凸起腺点。种子黑色，卵形。花期3~5月，果熟期8~10月。

生态习性：喜温暖湿润和半阴环境。要求湿润肥沃而排水良好的土壤，忌水涝。

观赏特性及园林应用：竹叶椒春季开黄绿色小花，秋季满树红果，全株带刺，适宜做刺篱用。

竹叶椒植株

竹叶椒花枝

竹叶椒果实

竹叶椒枝、皮刺

147

被子植物

芸香科	Rutaceae	**146**	金橘（罗浮）

拉丁名：*Fortunella margarita* (Lour.) Swingle

科属： 芸香科金橘属

识别要点： 常绿小乔木或灌木。嫩枝淡绿色，扁平，有棱，无毛，通常无刺。叶片披针形至长圆形，先端锐尖，基部楔形，全缘或下部边缘有不明显细锯齿，上面深绿色，光亮，下面青绿色，散生油点；叶柄有狭翅，与叶片连接处有关节。花单生或2~3朵簇生于叶腋；花芳香，花瓣白色。柑果橙黄色，倒卵形或长圆形，表面光滑，油胞多；果皮味甜，有香气，果肉淡黄色，汁多，微酸。花期7~8月，果熟期11~12月。

生态习性： 性较强健，抗旱、抗病能力较强；亦耐瘠薄土，易开花结实。

观赏特性及园林应用： 金橘夏季开白色芳香花朵，秋冬季又有橙黄色果实可以观赏，观赏价值颇高。常种植于庭园中，也可丛植于草地上。

金橘叶、花、果

金橘植株

科属：芸香科柑橘属

识别要点：常绿乔木。刺长，柔弱，稀无刺。小枝扁，绿色，被短柔毛。叶片宽卵形至椭圆形，先端急尖，微凹，嫩枝的叶先端钝头，基部宽楔形或近圆形，边缘具细钝锯齿，上面无毛，下面至少中脉被柔毛；叶柄具倒心形宽翅。花单生或簇生于叶腋或小枝顶端；花大，芳香，花萼5浅裂，花瓣白色，卵状椭圆形，向外反曲。柑果特大，成熟后淡黄色，梨形、球形或扁球形，直径12~30 cm，果皮厚，难剥离，表面平滑，香味极浓，瓤囊8~16瓣，果肉淡黄色或粉红色，味甜或微酸，有时微苦。种子大，偏厚，种皮黄白色，多棱皱。花期4~5月，果熟期9~10月。

生态习性：喜光，喜温暖湿润气候及深厚、肥沃而排水良好的中性或微酸性沙质壤土或黏质壤土，但在过分酸性及黏土地区生长不良。

观赏特性及园林应用：柚树形高大挺拔，四季常绿，春季有白色芳香花朵，大型果实成熟后黄色，可在枝头一直持续到翌年春季，是优秀的观花、观果树种，同时又是重要的果树。适宜庭院种植，也可做行道树，或孤植、丛植于草坪上。

柚植株

柚果枝

柚单身复叶

柚枝刺

柚树干

柚花

被子植物

芸香科　　Rutaceae　　**148**　　柑橘
拉丁名：*Citrus reticulata* Blanco

科属：芸香科柑橘属

识别要点：常绿小乔木或灌木。有棘刺，多分枝，枝扩展或稍下垂。叶片椭圆形至椭圆状披针形，先端渐尖或钝，凹头，基部楔形，边缘具细钝锯齿，两面无毛；叶柄有狭翅或仅具痕迹。花单生或簇生于叶腋；花小，芳香，花萼5浅裂，花瓣白色，开放时向外开展。柑果黄色、橙黄色或橙红色，扁圆形或近圆球形，果皮薄而宽松，果肉柔软多汁，甜酸适口。种子小，黄白色，顶端尖。花期4~5月，果熟期10~12月。

生态习性：喜光，稍耐阴，光照不足只长枝叶不开花；喜温暖湿润通风良好的小气候，不耐寒；忌积水，根系有菌根共生。

观赏特性及园林应用：柑橘树姿浑圆，四季常青，春季白花芳香，秋季果实累累，是优良的观赏树种，也是重要的果树。宜在庭院、门旁、屋边、窗前种植，也可种植于草坪、林缘。

柑橘树干

柑橘植株

柑橘果实

柑橘花枝

科属：芸香科柑橘属

识别要点：常绿小乔木。有棘刺，多分枝，枝三棱状。叶片革质，卵状椭圆形或倒卵形，先端急尖，基部宽楔形，全缘或具微波状锯齿，两面无毛，具半透明油点；叶柄有狭长形或倒心形翅。总状花序或1至数朵花生于当年新枝的顶端或叶腋；花直径达3.5 cm，芳香，花萼杯状，5裂，花后增大；花瓣白色，5枚，长圆形；花丝基部部分合生。柑果橙黄色，近球形，直径7~8 cm，果皮厚，粗糙，不易剥离，油胞大小不一，凹凸不平，果心充实或半充实，瓤瓣9~12瓣，果肉微酸。花期4~5月，果熟期11月。

生态习性：酸橙喜温暖湿润、雨量充沛、阳光充足的气候条件，一般在年平均温度15℃以上生长良好。酸橙对土壤的适应性较广，红、黄壤均能栽培，以中性沙壤土为最理想，过于黏重的土壤不宜栽培。

观赏特性及园林应用：酸橙树形挺拔，四季常绿，春季有白色芳香花朵，秋季果实成熟后橙黄色，可在枝头一直持续到翌年春季，是优秀的观花、观果树种。适宜庭院种植，也可做行道树，或孤植、丛植于草坪上。

酸橙树干

酸橙成熟果实

151

酸橙叶、未成熟果

酸橙植株

被子植物

| 苦木科 | Simaroubaceae | **150** | 臭椿（樗）
拉丁名：*Citrus grandis* (Linn.) Osbeck |

科属：苦木科臭椿属

识别要点：落叶乔木。树皮平滑，有直的浅裂纹，嫩枝赤褐色，被疏柔毛，髓心大，海绵质，芽被褐色柔毛。奇数羽状复叶互生，有小叶13~25枚，小叶对生；叶轴有短柔毛；小叶片革质，揉搓后有臭味，卵状披针形至披针形，先端渐尖，基部近圆形，偏斜，近基部边缘有1~2对大锯齿，齿端下面有一大腺体。圆锥花序顶生，大型；花小，杂性异株，花瓣白色带绿。翅果成熟时黄褐色或淡红褐色，长椭圆形，有1粒种子。种子位于翅果近中部。花期5~7月，果熟期8~10月。

生态习性：喜光，适应性强，很耐干旱、瘠薄，但不耐水湿，长期积水会烂根致死。能耐中度盐碱土，对微酸性、中性和石灰质土壤都能适应，喜排水良好的沙壤土。较耐寒。对烟尘和SO$_2$抗性较强。深根性树种，根系发达，萌蘖性强，生长较快。

观赏特性及园林应用：臭椿树干通直而高大，树冠圆整，颇为壮观，深秋红果满树，是很好的庭荫树和行道树，也是工矿区绿化、盐碱地水土保持及荒山造林的优良树种。

臭椿果实

臭椿叶·果

臭椿树干

臭椿叶基腺齿

臭椿植株

科属：楝科楝属

识别要点：落叶乔木。树皮灰褐色，纵裂。小枝粗壮，有叶痕，具灰白色皮孔。2~3回奇数羽状复叶互生，小叶片卵形、椭圆状卵形或卵状披针形至披针形，先端渐尖至长渐尖，基部楔形至圆形，边缘有粗钝锯齿。圆锥花序腋生，长约与复叶相等；花芳香，花瓣紫色，倒披针形，平展或反曲，花丝深紫色，合生成管。核果较小，成熟时淡黄色，近球形或卵形，果常宿存树上，至翌年春季始逐渐脱落。花期4~5月，果熟期10~11月。

生态习性：喜光，不耐庇荫；喜温暖湿润气候，耐寒力不强。对土壤要求不严，在酸性、中性、钙质土及盐碱土中均可生长。稍耐干旱瘠薄，也能生长于水边；但以在深厚、肥沃、湿润处生长最好。萌芽力强，抗风。生长快，寿命短。对SO_2抗性较强，但对Cl_2抗性较弱。

观赏特性及园林应用：楝树树形优美，叶形秀丽，加之春夏之交开淡紫色花朵，且有淡香，秋季落叶后满树黄果，观赏价值较高。可做庭荫树、行道树，也可孤植、丛植、列植于池边、坡地、游憩道两侧以及草坪边缘；是江南地区工厂、街坊、公路与铁路沿线、江河两岸、海涂等处绿化造林的重要树种。

楝树果实

楝树花

楝树植株

楝树树干

楝树叶片

楝树叶痕

被子植物

楝科	Meliaceae	**152**	香椿
			拉丁名：*Toona sinensis* (A. Juss.) Roem

科属：楝科香椿属

识别要点：落叶乔木。树干挺直，树皮灰褐色，浅纵裂，老时薄片状脱落。小枝暗黄褐色，粗壮，幼时被柔毛。偶数羽状复叶互生，有小叶10~22枚，有特殊气味，小叶对生或近对生；叶柄红色，基部肥大；小叶片纸质或近纸质，卵状披针形至卵状长椭圆形，先端渐尾尖，基部宽楔形至圆形，稍偏斜，全缘或有疏锯齿。圆锥花序顶生，比复叶长或稍短；花芳香，花瓣白色，长椭圆形。蒴果熟时褐色，有苍白色小皮孔，狭椭圆形，基部狭，5瓣裂，果瓣薄。种子上端有膜质长翅。花期5~6月，果熟期8~10月。

生态习性：喜光，不耐庇荫；喜温暖湿润气候，耐寒力不强。对土壤要求不严，在酸性、中性及钙质土中均可生长，也能耐轻度盐渍土，较耐水湿；浅根性，萌蘖力强，生长快。

观赏特性及园林应用：香椿树高冠大，枝叶浓密，春季新叶褐红，既可观赏又可食用，是优良的庭荫树、行道树。在庭前、院落、草坪、斜坡、水畔均可配植。

香椿植株

香椿顶芽及叶痕

香椿幼苗

香椿树干

香椿叶片

科属：大戟科重阳木属

识别要点：落叶乔木。树皮褐色或灰褐色，纵裂。羽状三出复叶互生，小叶片宽卵形或椭圆状卵形，先端短尾状渐尖，基部圆形或近心形，边缘具钝锯齿，两面无毛。总状花序腋生，与叶同放；单性异株，花小；雄花具细梗；雌花较疏散，具粗壮的花梗。果实浆果状，熟时棕褐色，球形。花期4~5月，果熟期10~11月。

生态习性：喜光，稍耐阴；喜温暖湿润气候，略耐寒。对土壤要求不严，耐干旱瘠薄，耐水湿；根系发达，抗风力强。虫害较为严重。

观赏特性及园林应用：重阳木树姿优美，早春嫩叶鲜绿光亮，入秋叶色转红，艳丽悦目，为优良的庭荫树和行道树；由于其耐水湿，亦可做堤岸绿化树种。

重阳木叶片

重阳木果序

重阳木树干

重阳木果实

重阳木植株

被子植物

大戟科	Euphorbiaceae	**154**	山麻杆
			拉丁名：*Alchornea davidii* Franch

科属：大戟科山麻杆属

识别要点：落叶灌木。嫩枝密被黄褐色短绒毛；老枝栗褐色，无毛。叶互生；叶片宽卵形至近圆形，三出脉，先端短尖，基部心形，有2枚刺毛状腺体；边缘具尖锯齿，上面绿色，下面常带紫色，毛较密。花雌雄同株或异株，雄花簇密集成侧生的短穗状花序，雌花散生成总状花序，花柱3枚，线形。蒴果扁球形，微裂成3个分果瓣，被密毛。花期4~5月，果熟期6~8月。

生态习性：喜光，稍耐阴；喜温暖湿润气候，不耐寒。对土壤要求不严，在微酸性及中性土壤均能生长。萌蘖性强。

观赏特性及园林应用：山麻杆早春嫩叶紫红色，十分醒目美观，是园林中重要的春色叶树种。宜丛植于庭前、路边、草坪或山石旁。

山麻杆植株　山麻杆春色叶　山麻杆雄花序

山麻杆叶片　山麻杆雌花

乌桕
拉丁名：*Sapium sebiferum* (Linn.) Roxb

科属：大戟科乌桕属

识别要点：落叶乔木。有乳汁；树皮暗灰色，有深纵裂纹；小枝纤细。单叶互生，叶片纸质，菱形或菱状卵形，先端尾尖，基部广楔形，全缘、无毛；叶柄细长，顶端有2腺体。穗状花序顶生，花小，黄绿色，雄花常10~15朵簇生于花序上部的苞片内，雌花少数，单生于花序基部的总苞内。蒴果木质，3棱状球形，熟时黑色，3裂，果皮脱落；种子黑色，圆球形，外被白色蜡质假种皮，固着于中轴上，经冬不落。花期5~7月，果熟期10~11月。

生态习性：喜光；喜温暖气候及深厚肥沃而水分丰富的土壤，不耐寒。有一定的耐旱、耐水湿及抗风能力，能耐间歇性水淹。对土壤要求不严，沙壤、黏壤、砾质壤土均能生长，对酸性土、钙土及含盐在0.25%以下的盐碱地均能适应。但过于干燥和贫瘠地不宜栽种。主根发达，抗风力强；生长速度中等偏快，寿命长。能抗火烧，并对SO_2及HCl抗性强。

观赏特性及园林应用：乌桕树冠整齐，叶形秀丽，入秋叶色红艳可爱，冬季落叶后白色的桕子挂满枝头，经久不落，也颇为美观。植于水边、池畔、坡谷、草坪都很合适，也可与亭廊、花墙、山石等相配。还可做护堤树、庭荫树及行道树。

乌桕成熟果实

乌桕未成熟果实

乌桕花序

乌桕植株

被子植物

黄杨科	Buxaceae	**156**	黄杨 拉丁名：*Buxus sinica* (Rehd. et Wils.) Cheng

科属： 黄杨科黄杨属

识别要点： 常绿灌木或小乔木。小枝黄绿色，四棱形，密被开展短柔毛。单叶对生，叶片革质，有光泽，倒卵形、倒卵状椭圆形至广卵形，先端圆或微凹，基部楔形，叶柄及叶背中脉基部有毛。花簇生叶腋或枝端，黄绿色。蒴果近球形，宿存花柱长2~3 mm。花期3月，果熟期7月。

生态习性： 喜半阴，在无庇荫处生长叶常发黄；喜温暖湿润气候及肥沃的中性及微酸性土，耐寒性不强；生长缓慢，耐修剪；对多种有毒气体抗性强。

观赏特性及园林应用： 黄杨叶片青翠，四季常绿，可在草坪、庭前孤植、丛植，或点缀山石，也可做绿篱及基础种植材料，黄杨还是制作盆景的好材料。

黄杨果实

黄杨盆景

黄杨花

黄杨绿篱

黄杨开裂果实

科属：黄杨科黄杨属

识别要点：常绿小灌木。分枝多而密集。单叶互生，叶片革质，有光泽，较狭长，倒披针形或倒卵状长椭圆形，先端钝圆或微凹，基部狭楔形，两面中肋及侧脉均明显隆起；叶柄极短。花小，黄绿色，呈密集短穗状花序，其顶部生一雌花，其余为雄花。蒴果卵圆形，顶端具3宿存之角状花柱，熟时紫黄色。花期4月，果熟期7月。

生态习性：喜光，亦耐阴，喜温暖湿润气候，常生于湿润而腐殖质丰富的溪谷岩间；耐寒性不强。浅根性，萌蘖力强；生长极慢。

观赏特性及园林应用：雀舌黄杨植株低矮，枝叶茂密，且耐修剪，是优良的矮绿篱材料。最适宜布置模纹图案及花坛边缘，也可任其自然生长，点缀草地、山石，或与落叶花木配植，还可制作盆景。

雀舌黄杨植株

雀舌黄杨叶片

159

被子植物

漆树科	Anacardiaceae	**158**	南酸枣
			拉丁名：*Choerospondias axiliaris* Burrtt er Hill

科属：漆树科南酸枣属

识别要点：落叶乔木。树皮灰褐色，片状剥落。小枝带紫褐色，具凸起的皮孔。奇数羽状复叶互生，有小叶7~13枚；小叶片卵形至卵状披针形，先端长渐尖，基部宽楔形或近圆形，多少偏斜，全缘或幼株叶缘具锯齿，两面无毛或下面脉腋有束毛。花单性或杂性异株；雄花和不孕的两性花排成腋生或近顶生的聚伞圆锥花序，雌花通常单生于上部的叶腋。核果淡黄色，椭圆形或倒卵状椭圆形，果核顶端具5个小孔。花期4~5月，果熟期10月。

生态习性：喜光，稍耐阴，喜温暖湿润气候，不耐寒；喜土层深厚、排水良好之酸性及中性土壤，不耐水淹和盐碱。浅根性，侧根粗大平展；萌芽力强，生长快；对SO_2、Cl_2抗性强。

观赏特性及园林应用：南酸枣树干端直，冠大荫浓，是良好的庭荫树及行道树种。孤植或丛植于草坪、坡地、水畔，或与其他树种混交成林都很合适，并可用于厂矿区绿化。

南酸枣植株

南酸枣植株

南酸枣树干

南酸枣枝条

南酸枣果实

南酸枣叶片

科属： 漆树科黄连木属

识别要点： 落叶乔木。树皮灰褐色，呈细鳞片状剥落。冬芽红色，有特殊气味。偶数羽状复叶互生，有小叶10~16枚；小叶片纸质，披针形或卵状披针形，先端渐尖或长渐尖，基部楔形，常偏斜，全缘，两面沿叶脉被卷曲柔毛或近无毛。圆锥花序腋生，花先叶开放，单性异株；雄花序排列紧密，淡绿色；雌花序排列疏松，紫红色。核果扁球形，初为黄白色，后变红色至蓝紫色。花期4月，果熟期9~11月。

生态习性： 喜光，幼时稍耐阴，喜温暖，不耐寒；耐干旱瘠薄，对土壤要求不严，微酸性、中性和微碱性的沙质、黏质土均能适应，而以肥沃、湿润而排水良好的石灰岩山地生长最好。深根性，主根发达，抗风力强；萌芽力强。生长较慢，寿命长。对SO_2、HCl和煤烟的抗性较强。

观赏特性及园林应用： 黄连木树冠浑圆，枝叶繁茂而秀丽，早春嫩叶红色，入秋叶又变成深红或橙黄色，红色的雌花序也极为美观。宜做庭荫树、行道树及山林风景树，也常做"四旁"绿化及低山区造林树种。在园林中植于草坪、坡地、山谷或于山石、亭阁之旁配植无不相宜。

黄连木树干

黄连木叶片

黄连木植株

黄连木果枝

| 漆树科 | Anacardiaceae | **160** | 盐肤木
拉丁名：*Rhus chinensis* Mill. |

科属：漆树科盐肤木属

识别要点：落叶灌木或小乔木。小枝、叶柄及花序均密被锈色柔毛。奇数羽状复叶互生，叶轴有狭翅，有小叶5~13枚；小叶片纸质，卵形至卵状长圆形，先端急尖，基部宽楔形或圆形，稍偏斜，边缘具粗锯齿，背面密被灰褐色柔毛。圆锥花序顶生，密生柔毛，花小，乳白色。核果扁球形，橘红色，密被毛。花期7~8月，果熟期10~11月。

生态习性：喜光，喜温暖湿润气候，也能耐寒冷和干旱；不择土壤，在酸性、中性及石灰性土壤以及瘠薄干燥的沙砾地上都能生长，但不耐水湿。深根性，萌蘖力很强。生长快，寿命较短。

观赏特性及园林应用：盐肤木秋叶变为鲜红，果实成熟时也呈橘红色，颇为美观。可植于园林绿地观赏或用来点缀山林风景。

盐肤木嫩叶

盐肤木叶片和幼果

盐肤木成熟果实

盐肤木植株

科属：冬青科冬青属

识别要点：常绿乔木。树皮淡灰色，小枝具棱角，红褐色，无毛。叶片薄革质或纸质，宽椭圆形、椭圆形或长圆形，稀卵形至倒卵形，先端短渐尖，基部楔形或钝，全缘，中脉上面稍凹入，下面凸起，上面深绿色，有光泽，两面无毛；聚伞花序或呈伞形状，单生于叶腋；花黄白色，芳香。浆果状核果球形，熟时红色。花期3~4月，果熟期8~12月。

生态习性：耐阴树种，喜生于温暖湿润气候和疏松肥沃、排水良好的酸性土壤。适应性较强、耐瘠薄、耐旱、耐霜冻。

观赏特性及园林应用：铁冬青枝繁叶茂，四季常青，花黄白色而芳香，果熟时红若丹珠，赏心悦目。适宜在园林中孤植或群植，也可丛植于草坪、土丘、山坡，或混植于其他树群，尤其是色叶树群中。用火烧叶子，不燃烧会形成黑色圆圈，故可做防火树种。

铁冬青果枝

铁冬青枝叶、幼果

铁冬青植株

铁冬青叶片

铁冬青树干

被子植物

冬青科	Aquifoliaceae	**162**	冬青 拉丁名：*Ilex purpurea* Hassk.

科属：冬青科冬青属

识别要点：常绿乔木。树皮暗灰色，小枝浅绿色，全体无毛。叶片薄革质，长椭圆形至披针形，稀卵形，先端渐尖，基部宽楔形，边缘具钝齿或稀锯齿，中脉上面扁平，下面凸起，上面有光泽，网脉下面明显。复聚伞花序单生叶腋；花淡紫色或紫红色，芳香。浆果状核果椭圆形，光滑，熟时深红色，干后栗色。花期4~6月，果熟期11~12月。

生态习性：喜光，稍耐阴；喜温暖湿润气候及肥沃之酸性土壤，较耐潮湿，不耐寒。萌芽力强，耐修剪；生长较慢。深根性，抗风力强，对SO_2及烟尘有一定的抗性。

观赏特性及园林应用：冬青枝繁叶茂，四季常青，入秋又有累累红果，经冬不落，十分美观。园林中宜孤植、丛植或群植于草坪、土丘、山坡，亦可混植于其他树群，尤其是色叶树群中。还可做绿篱和盆景材料。

冬青植株

冬青枝叶

冬青果枝

冬青树干

科属：冬青科冬青属

识别要点：为齿叶冬青变种，常绿灌木。树皮灰黑色，多分枝，小枝有灰色细毛。叶小而密，叶面凸起，厚革质，椭圆形至长倒卵形，先端圆钝或锐尖，基部楔形，边缘具钝齿或锯齿。复聚伞花序单生叶腋；花小，白色。核果球形，熟时黑紫色。花期5~6月，果熟期10月。

生态习性：中性，喜光，耐半阴；适应性强，耐低温，喜温暖湿润气候及肥沃之微酸性土壤，忌水湿；不太耐干热。萌芽力强，耐修剪，生长速度慢。对有毒气体有一定的抗性。

观赏特性及园林应用：龟甲冬青枝干遒劲古朴，叶片小而密集，常用于做绿篱或色块，也可修剪成球形孤植或丛植，同时可做盆景。

龟甲冬青花枝

龟甲冬青叶片

165

龟甲冬青植株

被子植物

科属：冬青科冬青属

识别要点：为齿叶冬青选育品种，常绿灌木。树皮灰色或淡绿色，分枝多且都直立向上生长，小枝淡绿色，无毛。叶小而密，薄革质，狭长椭圆形或披针形，先端渐尖，基部楔形，边缘具浅圆锯齿。聚伞花序着生于新枝叶腋内；花小，淡黄色。核果球形，熟时深紫红色至黑色。花期5~6月，果熟期9~10月。

生态习性：直立冬青适应范围较广，一般土壤均能良好生长，忌积水和强碱土壤。此外，其耐寒、耐旱性也很强，通过栽培试验，发现直立冬青可耐−28~−23℃的低温。直立冬青抗性也极强，无严重病虫害，只有少量红蜘蛛和青虫，及时防治即可。

观赏特性及园林应用：分枝多且直立向上，无须修剪便可形成自然精细的柱形。在园林绿化应用中，直立冬青十分适合孤植，栽植于庭院或者一些狭小的绿化角落，更能表现其株型的独特性，突出整个景观的立体效果。对于一些规则式、典雅式园林也是很好的植材，可与其他常绿或落叶植物搭配，形成层次丰富的景观效果。直立冬青还是建造绿篱及绿化高速公路隔离带的绝佳材料，既美观又易于养护。

直立冬青植株

直立冬青果枝

直立冬青花枝

科属：冬青科冬青属

识别要点：常绿灌木或小乔木。树皮灰白色，平滑，小枝粗壮，当年生枝具纵脊，无毛。叶片厚革质，两型，四方状长圆形而具宽三角形、先端有硬针刺的齿，或长圆形，倒卵状长圆形而全缘，但先端仍具硬针刺，先端尖刺状急尖或短渐尖，基部圆形或截形，全缘或波状，每边具1~3（5）硬针刺，上面有光泽。花簇生于2年生枝叶腋，花小，黄绿色。核果球形，熟时鲜红色。花期4~5月，果熟期9月。

生态习性：喜光，稍耐阴；喜温暖湿润气候及肥沃、湿润而排水良好之微酸性土壤，耐寒性不强，颇能适应城市环境，对有毒气体有较强抗性。生长缓慢；萌芽力强，耐修剪。

观赏特性及园林应用：枸骨枝叶茂密，叶形奇特，入秋红果累累，经冬不凋，鲜艳美丽，是良好的观叶、观果树种。宜做基础种植及岩石园材料，也可孤植于花坛中心，对植于庭前、路口，或丛植于草坪边缘。同时又是良好的绿篱及盆景材料。果枝可供瓶插，经久不凋。

枸骨花、叶

枸骨果实

枸骨植株

枸骨树干

167

被子植物

冬青科	Aquifoliaceae	**166**	无刺枸骨

拉丁名：*Ilex cornuta* Lindl. var. *fortunei* S.Y.Hu

科属：冬青科冬青属

识别要点：是枸骨的自然变种，常绿灌木或小乔木。树皮灰白色，平滑，幼枝具纵脊及沟，无毛。叶片厚革质，椭圆形、卵形或倒卵形，先端急尖呈刺状，基部圆形或宽截形，全缘，稍反卷。花簇生于2年生枝叶腋，花小，黄绿色。核果球形，熟时鲜红色。花期4~5月，果熟期9月。

生态习性：喜光；喜温暖、湿润和排水良好之酸性和微碱性土壤，有较强抗性。耐修剪，适应性强。

观赏特性及园林应用：无刺枸骨树冠圆整，枝叶茂密，叶形奇特，浓绿而有光泽，入秋红果累累，经冬不凋，鲜艳美丽，是良好的观叶、观果树种。可做广场、庭院、道路及岩石园的绿化材料，亦可在公园绿地孤植、列植或和其他树种配植。

无刺枸骨花

无刺枸骨植株

无刺枸骨果、叶

科属：冬青科冬青属

识别要点：常绿乔木。树皮灰黑色，全体无毛。小枝粗壮，黄褐色，有纵裂纹和棱。叶片厚革质，长圆形或卵状长圆形，先端短渐尖或钝，基部圆形或宽截形，边缘有疏锯齿，中脉上面凹入，下面强隆起，侧脉上面明显，上面深绿色，有光泽，下面淡绿色。花序簇生叶腋，圆锥状，黄绿色。核果球形，熟时鲜红色。花期4~5月，果熟期9~10月。

生态习性：适应性强，较耐寒、耐阴，萌蘖性强，生长较快，病虫害少。

观赏特性及园林应用：大叶冬青叶片大而有光泽，秋季果熟后呈红色，挂果期长，是优良的观叶、观果树种，可种植于庭院观赏，或孤植、对植、丛植于园林绿地中。

大叶冬青植株

大叶冬青花枝

大叶冬青果枝

169

被子植物

科属：卫矛科卫矛属

识别要点：落叶灌木，全株无毛。小枝具4棱，通常具棕褐色宽阔木栓翅，翅宽可达1.2 cm，或有时无翅。叶片纸质，无毛，倒卵形、椭圆形或菱状倒卵形，先端急尖，基部楔形、宽楔形至近圆形，网脉明显，几无叶柄。聚伞花序腋生，花淡黄绿色，4基数；蒴果棕褐色带紫，几乎全裂至基部相连，呈分果状。种子紫褐色，椭圆形，具橙红色假种皮，全部包围种子。花期4~6月，果熟期9~10月。

生态习性：喜光，也稍耐阴；对气候和土壤适应性强，能耐干旱、瘠薄、寒冷，在中性、酸性及石灰性土上均能生长。萌芽力强，耐修剪，对SO_2有较强的抗性。

观赏特性及园林应用：卫矛枝翅奇特，早春初发嫩叶及秋叶均为紫红色，十分艳丽，在落叶后又有紫色小果悬垂枝间，颇为美观，是优良的观叶、观果树种。可孤植或丛植于草坪、斜坡、水边，或于山石间、亭廊边配植均合适。同时，也是绿篱、盆景的好材料。

卫矛花枝

卫矛植株

卫矛树干

卫矛成熟果实

卫矛木栓翅

肉花卫矛
拉丁名：*Euonymus carnosus* Hemsl.

科属：卫矛科卫矛属

识别要点：半常绿乔木或灌木，树皮灰褐色，小枝圆柱形，绿色。叶片近革质，通常长圆状椭圆形或长圆状倒卵形，先端急尖，基部宽楔形，边缘具细锯齿，侧脉12~15对。聚伞花序腋生，花淡黄绿色，4基数；蒴果近球形，具4翅棱，淡红色。种子黑色，具光泽，有红色假种皮。花期5~6月，果熟期8~10月。

生态习性：喜光，也稍耐阴；对气候和土壤适应性强，具较强的耐水湿、耐盐能力。

观赏特性及园林应用：肉花卫矛树姿优美，开花繁茂，果形奇特，果色鲜艳，秋叶紫红色，十分艳丽，颇为美观，是优良的观叶、观果树种。可孤植或丛植于草坪、斜坡、水边，或于山石间、亭廊边配植均合适。同时，也是绿篱、盆景的好材料。

肉花卫矛未成熟果枝

肉花卫矛植株

肉花卫矛树干

肉花卫矛花、叶

肉花卫矛花枝

171

被子植物

| 卫矛科 | Celastraceae | **170** | 大叶黄杨（冬青卫矛、正木）
拉丁名：*Euonymus japonicus* Thunb. |

科属：卫矛科卫矛属

识别要点：常绿灌木或小乔木。小枝微呈四棱形，绿色。叶片革质，具光泽，通常椭圆形或倒卵状椭圆形，先端渐尖，基部楔形，边缘具钝锯齿。聚伞花序一至二回二歧分枝，花绿白色，4基数；蒴果近球形，淡红色。种子卵形，有橙红色假种皮。花期5~6月，果熟期9~10月。

生态习性：喜光，也稍耐阴；喜温暖湿润的海洋性气候及肥沃湿润土壤，也能耐干旱瘠薄，耐寒性不强，极耐修剪整形；生长较慢，寿命长。对各种有毒气体及烟尘有很强的抗性。

观赏特性及园林应用：大叶黄杨枝叶茂密，四季常青，叶色亮绿，秋季又有果可观。园林中常用做绿篱材料，或丛植于草坪边缘，或修剪成圆形、半球形配植于花坛中心或对植于门旁。同时也是基础栽植、街道绿化和工厂绿化的好材料。

大叶黄杨果枝

大叶黄杨花枝

大叶黄杨植株

大叶黄杨常见栽培品种：

金边大叶黄杨（cv.Ovatus Aureus）：叶缘金黄色。

金心大叶黄杨（cv. Aureus）：叶中脉附近金黄色，幼时叶柄及枝端也变为黄色。

金边大叶黄杨植株

金边大叶黄杨

金心大叶黄杨

173

被子植物

卫矛科	Celastraceae	**171**	扶芳藤

拉丁名：*Euonymus fortunei*(Turcz.)Hand. Mazz.

科属：卫矛科卫矛属

识别要点：常绿匍匐或攀援灌木。枝上通常有细根；小枝绿色，圆柱形，密布细瘤状皮孔。单叶互生，叶片革质，宽椭圆形至长圆状倒卵形，先端短锐尖或短渐尖，基部宽楔形或近圆形，边缘具钝锯齿。聚伞花序具多数花，花绿白色，4基数；蒴果近球形，黄红色，稍有4凹线。种子有橘红色假种皮。花期6~7月，果熟期10月。

生态习性：耐阴；喜温暖，耐寒性不强，耐修剪；对土壤要求不严，能耐干旱瘠薄。

观赏特性及园林应用：扶芳藤叶色油绿光亮，入秋后红果挂满枝头，又有较强的攀援能力，在园林中可用来覆盖墙面、山石或攀附于老树、花格之上，均极优美。也可将其整形成圆球形灌木观赏。

爬行卫矛（var.*radicans* Rehd）：叶较小而厚，背面叶脉不如原种明显。

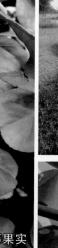

扶芳藤果实

爬行卫矛园林应用

扶芳藤气生根

扶芳藤树干

扶芳藤墙面绿化

扶芳藤球

科属：卫矛科卫矛属

识别要点：落叶小乔木。小枝灰绿色，近圆柱形。单叶互生，叶片纸质，椭圆状卵形、卵圆形或长圆状椭圆形，先端长渐尖，基部宽楔形或近圆形，边缘具细锯齿，齿端尖锐，两面无毛；叶柄较细。聚伞花序侧生于新枝上，花黄绿色，4基数；蒴果倒圆锥形，粉红色，4深裂。种子有橘红色假种皮。花期5月，果熟期10月。

生态习性：喜光，稍耐阴；耐寒，对土壤要求不严，耐干旱，也耐水湿，而以肥沃、湿润而排水良好之土壤生长最好。根系深而发达，能抗风；根蘖萌发能力强，生长速度中等偏慢。对SO$_2$抗性中等。

观赏特性及园林应用：丝绵木枝叶秀丽，粉红色蒴果悬挂枝上甚久，观赏价值高，是良好的园林绿化树种。宜植于林缘、草坪、路旁、湖边及溪畔，也可用作防护林及工厂绿化树种。

丝棉木树干

丝棉木未成熟果实

丝棉木枝叶及未成熟果实

丝棉木植株

丝棉木成熟果实

丝棉木花枝

175

被子植物

| 槭树科 | Aceraceae | **173** | 三角枫
拉丁名：*Acer buergerianum* Miq. |

科属：槭树科槭树属

识别要点：落叶乔木，高15 m。树皮灰黄色，片状脱落。当年生枝灰褐色至褐色，多年生枝淡灰色或灰褐色，稀被蜡粉。单叶对生，叶片纸质，基部近圆形或楔形，通常3浅裂，裂片向前延伸，稀全缘，中央裂片三角状卵形，急尖、锐尖或短渐尖；侧裂片短钝尖或甚小，以至于不发育，裂片边缘通常全缘，稀具少数锯齿。伞房花序顶生；花瓣5，淡黄色，狭窄披针形或匙状披针形；小坚果特别凸起，直径6 mm；翅与小坚果共长2~2.5 cm，张开呈锐角或近于平行。花期4月，果熟期8月。

生态习性：喜光，稍耐阴，喜温暖湿润气候，稍耐寒，较耐水湿，耐修剪。

观赏特性及园林应用：三角枫枝叶浓密，夏季浓荫覆地，入秋叶色变成暗红色，秀色可餐。宜孤植、丛植做庭荫树，也可做行道树及护岸树。

三角枫植株

三角枫叶、花序

三角枫果枝

三角枫枝叶

三角枫树干

科属：槭树科槭树属

识别要点：红羽毛枫为鸡爪槭的园艺品种，与羽毛枫相似，区别在于红羽毛枫叶片常年暗红色或深紫红色。

生态习性：与羽毛枫相似。

观赏特性及园林应用：红羽毛枫叶片终年红色，树形整形，枝叶秀丽，在园林中适宜丛植、群植，也可点缀假山石，或者盆栽观赏。

红羽毛枫植株

红羽毛枫果实

红羽毛枫枝叶

红羽毛枫植株

被子植物

槭树科	Aceraceae	**179**	樟叶槭
			拉丁名：*Acer cinnamomifolium* Hayata

科属：槭树科槭树属

识别要点：常绿乔木。树皮淡黑褐色或淡黑灰色。小枝细瘦，当年生枝淡紫褐色，被浓密的绒毛；多年生枝淡红褐色或褐黑色，近于无毛。叶革质，长椭圆形或长圆披针形，长8~12 cm，宽4~5 cm，基部圆形、钝形或阔楔形，先端钝形，具有短尖头，全缘或近于全缘。叶片最下一对侧脉由叶的基部生出，与中肋在基部共成3脉，叶背有白粉。

生态习性：喜光，喜温暖湿润环境，抗寒性不强，尤其是幼树。

观赏特性及园林应用：樟叶槭是槭树科难得的常绿树种，因其生长速度快，抗性强，在园林既可用做行道树，也可用做庭荫树。

樟叶槭叶

樟叶槭植株

樟叶槭树干

樟叶槭果实

科属：七叶树科七叶树属

识别要点：落叶乔木。树皮有圆形或椭圆形淡黄色的皮孔。冬芽大形，有树脂。掌状复叶，由5~7小叶组成，叶柄长10~12 cm，有灰色微柔毛；小叶纸质，长圆披针形至长圆倒披针形，稀长椭圆形，先端短锐尖，基部楔形或阔楔形，边缘有钝尖形的细锯齿。聚伞圆锥花序顶生，直立。花杂性，雄花与两性花同株；花瓣4，白色，长圆倒卵形至长圆倒披针形，长8~12 mm，宽5~1.5 mm，边缘有纤毛，基部爪状。花期4~5月。

生态习性：喜光，稍耐阴；喜温暖气候，较耐寒；喜深厚、肥沃、湿润而排水良好的土壤。夏季忌烈日暴晒。

观赏特性及园林应用：七叶树树干耸直，冠大荫浓，初夏繁花满树，硕大的白色花序又似一盏华丽的烛台，蔚然可观，是优良的行道树和庭荫树，既可孤植也可群植，或与常绿树混种。

七叶树植株

七叶树果

七叶树花序

七叶树叶背面

七叶树叶正面

七叶树树干

被子植物

| 无患子科 | Sapindaceae | *181* | 无患子
拉丁名：*Sapindus mukorossi* Gaertn. |

科属：无患子科无患子属

识别要点：落叶乔木。树皮灰黄色，小枝圆柱形，有黄褐色皮孔。一回羽状复叶，小叶5~8对，互生或近对生。小叶片纸质，长椭圆状披针形或稍呈镰形，长7~15 cm或更长，宽2~5 cm，顶端短尖或短渐尖，基部楔形，稍不对称，两面无毛或背面被微柔毛；侧脉纤细而密，15~17对，近平行；小叶柄长约5 mm。花序顶生，圆锥形；花小，绿白色或黄白色，辐射对称，花梗常很短；花瓣5片，披针形，有长爪。果近球形，直径2~2.5 cm，橙黄色，干时变黑。花期春季，果期夏秋。

生态习性：喜光，稍耐阴，耐寒能力较强。对土壤要求不严，深根性，抗风力强。不耐水湿，耐干旱。

观赏特性及园林应用：无患子树干通直，枝叶广展，绿荫稠密，秋季满树叶色金黄，在园林中既可用作行道树，也可作为庭荫树。

无患子小枝

无患子羽状复叶

无患子树干

无患子植株

无患子植株

无患子花序

无患子果实

科属：无患子科栾树属

识别要点：落叶乔木。皮孔圆形至椭圆形；枝具小疣点。叶平展，二回羽状复叶，长45~70 cm；叶轴和叶柄向轴面常有一纵行皱曲的短柔毛；小叶9~17片，互生，很少对生，纸质或近革质，斜卵形，边缘有内弯的小锯齿；小叶柄长约3 mm或近无柄。圆锥花序大型，长35~70 cm，与花梗同被短柔毛；花瓣4，黄色，长圆状披针形，瓣片长6~9 mm，宽1.5~3 mm。蒴果椭圆形或近球形，具3棱，淡紫红色，老熟时褐色。花期7~9月，果熟期8~10月。

生态习性：喜光，喜温暖湿润气候，深根性，适应性强，耐干旱，抗风，抗大气污染。

观赏特性及园林应用：复羽叶栾树春季嫩叶多呈红色，夏叶羽状浓绿色，秋叶鲜黄色，国庆节前后其蒴果的膜质果皮膨大如小灯笼，鲜红色，成串挂在枝顶，如同花朵。在园林中用做行道树、庭荫树均较适宜。

复羽叶栾树叶片

复羽叶栾树树干

复羽叶栾树植株

复羽叶栾树二回羽状复叶

复羽叶栾树花序

复羽叶栾树果实

被子植物

| 无患子科 | Sapindaceae | **183** | 黄山栾树（全缘叶栾树）
拉丁名：*Koelreuteria bipinnata* Franch. var.
integrifoliola（Merr.）T. Chen |

科属：无患子科栾树属

识别要点：黄山栾树为复羽叶栾树的变种，与原种的主要区别在于能育枝上的小叶片边缘通常全缘或有时仅在近先端一侧具少数浅锯齿。

生态习性：与原种相同。

观赏特性及园林应用：与原种相同。

黄山栾树植株

黄山栾树枝叶

黄山栾树花序

黄山栾树叶片背面

黄山栾树树干

科属：鼠李科雀梅藤属

识别要点：半常绿藤状或直立灌木。当年生小枝密生褐色短柔毛，小枝具刺。叶纸质，近对生或互生，通常椭圆形、矩圆形或卵状椭圆形，稀卵形或近圆形，长1~4.5 cm，宽0.7~2.5 cm，顶端锐尖、钝或圆形，基部圆形或近心形，边缘具细锯齿，上面绿色，无毛，下面浅绿色。花无梗，黄色，有芳香，通常2至数个簇生排成顶生或腋生疏散穗状或圆锥状穗状花序；花瓣匙形，顶端2浅裂，常内卷，短于萼片。核果近圆球形，直径约5 mm，成熟时黑色或紫黑色，味酸。花期7~11月，果熟期翌年3~5月。

生态习性：喜光，耐半阴，喜温暖湿润气候，有一定耐寒性。

观赏特性及园林应用：雀梅在园林中可用做绿篱、垂直绿化材料，也可配植于山石中。其树干自然奇特，树姿苍劲古雅，是中国树桩盆景主要树种之一。

雀梅叶与花序

雀梅藤果实枝叶

雀梅藤枝叶

雀梅藤枝叶背

雀梅藤盆景

雀梅藤植株

被子植物

鼠李科	Rhamnaceae	**185**	枣 拉丁名：*Ziziphus jujuba* Mill.

科属：鼠李科枣属

识别要点：落叶小乔木，高达10余米；有长短枝，长枝呈之字形曲折，具2个托叶刺，长刺可达3 cm，粗直，短刺下弯，长4~6 mm；短枝矩状；当年生小枝绿色，下垂，单生或2~7个簇生于短枝上。叶二列排列，纸质，卵形、卵状椭圆形或卵状矩圆形；长3~7 cm，宽1.5~4 cm，顶端钝或圆形，稀锐尖，具小尖头，基部稍不对称，近圆形，边缘具圆齿状锯齿，基生三出脉。花黄绿色，两性，5基数，无毛，具短总花梗，单生或2~8个密集成腋生聚伞花序；花瓣倒卵圆形，基部有爪；花盘厚，肉质，圆形，5裂。花期5~7月，果熟期8~9月。

生态习性：喜光，喜干燥气候。耐寒，耐热，耐旱，耐涝。对土壤要求不严，除沼泽地和重碱性土外均能生长。

观赏特性及园林应用：枣树枝梗劲拔，翠叶垂荫，果实累累。宜在庭园、路旁散植或成片栽植，亦是结合生产的好树种。其老根古干可做树桩盆景。

枣花

枣果实与枝叶

枣植株

枣托叶刺

枣树干

科属：葡萄科葡萄属

识别要点：落叶木质藤本。小枝圆柱形，有纵棱纹，无毛或被稀疏柔毛。卷须2叉分枝，每隔2节间断与叶对生。叶卵圆形，显著3~5浅裂或中裂，长7~18 cm，宽6~16 cm，中裂片顶端急尖，裂片常靠合，基部常缢缩，裂缺狭窄，间或宽阔，基部深心形，边缘有锯齿，齿深而粗大，不整齐，上面绿色，下面浅绿色；基生脉5出。圆锥花序密集或疏散，多花，与叶对生。果实球形或椭圆形，直径1.5~2 cm。花期4~5月，果熟期8~9月。

生态习性：喜光照充足，不耐阴。耐寒，抗旱，不耐积水。对土壤适应性强，但在疏松、肥沃、排水良好的土壤中生长最好。

观赏特性及园林应用：葡萄攀援性强，果实又可食用，多应用于私家园林或私家花园中，在建筑物南侧向阳处栽培，辅以棚架。

葡萄果实

葡萄架

葡萄枝叶、花序

被子植物

葡萄科	Vitaceae	**187**	爬山虎

拉丁名：*Parthenocissus tricuspidata*（Sieb.et Zucc.）Planch.

科属：葡萄科爬山虎属

识别要点：落叶木质藤本。枝较粗壮；卷须短，卷须先端膨大成吸盘，多分枝。叶片异形，能育枝上的叶片宽卵形，先端通常3浅裂，基部心形，边缘有粗锯齿；不育枝上的叶片常为三全裂或三出复叶，中间小叶片倒卵形，两侧小叶片斜卵形，有粗锯齿；幼枝上的叶片则小而不裂。聚伞花序通常生于具2叶的短枝上；花绿色，5数；花瓣顶端反折。花期6~7月。

生态习性：适应性强，性喜阴湿环境，亦耐强光直射，耐寒，耐旱，耐贫瘠，不耐积水。

观赏特性及园林应用：爬山虎攀援能力强，春季嫩叶和秋季老叶红色，是垂直绿化的优良植物，可用于绿化房屋墙壁、公园山石，既可美化环境，又能降温，调节空气，减少噪声。

爬山虎叶片(春晓)

爬山虎枝叶

爬山虎配植

爬山虎秋叶

爬山虎配植

爬山虎枝、果实

科属: 葡萄科地锦属

识别要点: 落叶木质藤本。老枝灰褐色,幼枝带紫红色,髓白色。卷须与叶对生,顶端吸盘大。掌状复叶,具五小叶,小叶长椭圆形至倒长卵形,先端尖,基部楔形,缘具大齿牙,叶面暗绿色,叶背稍具白粉并有毛。

生态习性: 喜光,亦耐阴,耐寒,对土壤和气候适应性强。

观赏特性及园林应用: 五叶地锦蔓茎纵横,密布气根,翠叶遍盖如屏,秋后,叶色变红或黄,十分艳丽,是垂直绿化主要树种之一。适于配植宅院墙壁、围墙、庭园入口、桥头石块等处。

五叶地锦枝叶

五叶地锦吸盘

五叶地锦配植

五叶地锦配植

五叶地锦叶、果实

被子植物

杜英科　Elaeocarpaceae　*189*

杜英

拉丁名：*Elaeocarpus decipiens* Hemsl.

科属：杜英科杜英属

识别要点：常绿乔木。高达10 m。叶革质，披针形或倒披针形，长7~12 cm，宽2~3.5 cm，上面深绿色，干后发亮，下面秃净无毛，边缘有小钝齿；叶柄长1 cm。总状花序多生于叶腋及无叶的去年枝条上，长5~10 cm，花序轴纤细，有微毛；花白色，花瓣倒卵形，与萼片等长，上半部撕裂，裂片14~16条。花期6~7月。

生态习性：喜温暖潮湿环境，耐寒性稍差，稍耐阴。根系发达，萌芽力强，耐修剪。喜排水良好、湿润、肥沃的酸性土壤。

观赏特性及园林应用：杜英四季常绿、树冠宽广、枝叶茂密，老叶掉落前会变红，树叶红绿相间，非常漂亮。应用时更适合酸性黄壤和红黄壤山区，若在平原栽植，宜选择排水良好且有侧方遮荫处，干旱、光照过强环境条件下长势不良。

杜英花序

杜英植株

杜英果实

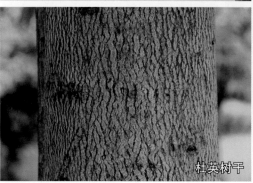

杜英树干

杜英叶

科属：锦葵科木槿属

识别要点：落叶灌木。高1~2.5 m，小枝、叶柄、托叶、花梗、小苞片及花萼均密被灰白色或淡黄色星状绒毛和细伏毛。叶片厚纸质，倒卵形、扁圆形或宽倒卵形，先端圆形或近平截，具突尖，其部圆形或浅心形，边缘中上部具细圆齿。花单生于枝端叶腋。花冠钟状，直径5~6 cm，淡黄色，具暗紫色心，花瓣倒卵形。花期6~8月。

生态习性：喜光，抗风力强，能耐短期水涝，也略耐干旱。耐高温，稍耐寒，对土壤适应性强。

观赏特性及园林应用：海滨木槿夏季黄花满树，秋季叶片黄至橙黄色，鲜艳美丽，是优良的庭园绿化树种，可丛植或群植于草坪绿地，也可列植在河岸作为护坡绿种，或者做海岸防护林、河岸护坡林。

海滨木槿花

海滨木槿叶

海滨木槿秋叶

海滨木槿果实

海滨木槿植株

海滨木槿树干

被子植物

锦葵科	Malvaceae	**191**	木芙蓉 拉丁名：*Hibiscus mutabilis* Linn.

科属：锦葵科木槿属

识别要点：落叶灌木或小乔木。高2~5 m，小枝、叶柄、花梗和花萼均密被星状毛与直毛相混的细绵毛。叶片大，宽卵形至圆卵形或心形，直径10~15 cm，常5~7裂，裂片三角形，先端渐尖，边缘具钝圆锯齿，上面疏被星状细毛，下面密被星状细绒毛。花初开时白色或淡红色，后变深红色，直径约8 cm，花瓣近圆形。花期8~10月。

生态习性：喜光，稍耐阴。喜温暖湿润气候，不耐寒，在长江流域以北地区露地栽植时，冬季地上部分常冻死。喜肥沃湿润而排水良好的沙壤土，稍耐水湿。

观赏特性及园林应用：木芙蓉花大而色艳，特别宜于配植水滨，有"照水芙蓉"之称。此外，植于庭院、坡地、路边、林缘及建筑前，或栽做花篱，都很合适。

木芙蓉果实

木芙蓉花枝

木芙蓉植株

木芙蓉叶片

木芙蓉配植

科属：锦葵科木槿属

识别要点：重瓣木芙蓉为木芙蓉园艺品种，与原种区别在于花重瓣，通常粉红色，有时乳白色，直径8~11 cm。

生态习性：与原种相似。

观赏特性及园林应用：重瓣木芙蓉花大色艳，观赏价值高于原种，用途与原种相似。

重瓣木芙蓉植株

重瓣木芙蓉花

重瓣木芙蓉花

重瓣木芙蓉配植

195

被子植物

| 锦葵科 | **Malvaceae** | **193** | 木槿
拉丁名：*Hibiscus syriacus* Linn. |

科属：锦葵科木槿属

识别要点：落叶灌木。高2~4 m，嫩枝被黄褐色星状绒毛。叶菱形至三角状卵形，长4~8 cm，宽2~5 cm，具深浅不同的3裂或不裂，先端钝，基部楔形，边缘具不整齐齿缺。花单生于枝端叶腋间，花梗长4~14 mm，被星状短绒毛；小苞片6~8，线形；花钟形，淡紫色，具紫红色心，花瓣楔状倒卵形。花期7~10月。

生态习性：喜温暖、湿润气候。喜光，稍耐阴，耐热又耐寒，耐修剪。对土壤要求不严。

观赏特性及园林应用：木槿是夏、秋季的重要观花灌木，多用做花篱、绿篱，也可在绿地丛植或群植。

木槿果实

木槿植株

木槿叶

木槿花

木槿叶

科属：锦葵科木槿属

识别要点：牡丹木槿为木槿园艺品种，与原种区别是花粉红色或淡紫色，重瓣，直径7~9 cm。

生态习性：与原种相同。

观赏特性及园林应用：牡丹木槿冠整齐，花大色艳，在园林中成丛、成群栽植观赏效果特佳。

牡丹木槿花

牡丹木槿植株

牡丹木槿配植

被子植物

梧桐科	Sterculiaceae	**195**	梧桐 拉丁名：*Firmiana platanifolia* (Linn. f.) Marsili

科属：梧桐科梧桐属

识别要点：落叶乔木。高达15 m，树皮青绿色，平滑。叶心形，掌状3~5裂，直径15~30 cm，裂片三角形，先端渐尖，基部心形，基生脉7条，叶柄与叶片等长。圆锥花序顶生，长20~50 cm，花淡黄绿色；萼5深裂几至基部，萼片线形，向外卷曲，长7~9 mm，外面被淡黄色短柔毛，内面仅在基部被柔毛。蓇葖果膜质，有柄，成熟前开裂成叶状，长6~11 cm，宽1.5~2.5 cm，每蓇葖果有种子2~4粒；种子圆球形，表面有皱纹，直径约7 mm。花期6月。

生态习性：喜光，喜温暖湿润气候，耐寒性不强。喜肥沃、湿润、深厚而排水良好的土壤，在酸性、中性及钙质土上均能生长，不耐积水洼地和盐碱土。

观赏特性及园林应用：梧桐树干直，树冠宽广，秋叶黄色，在园林中适宜用做行道树或者庭荫树。

梧桐植株

梧桐植株

梧桐果实

梧桐叶片

梧桐树干

科属：山茶科山茶属

识别要点：常绿灌木或小乔木。嫩枝无毛，叶革质，通常椭圆形至卵状长椭圆形，先端急尖至渐尖，基部楔形至宽歪楔形，边缘有锯齿，上面深绿色，下面绿色至黄绿色。花顶生，红色或稍淡。花期2~4月。

生态习性：喜温暖、湿润和半阴环境。怕高温，忌烈日。喜肥沃、疏松的微酸性土壤。

观赏特性及园林应用：山茶四季常绿，叶色翠绿，花大艳丽，花期正值少花的冬末春初。因其不耐烈日直射，因此宜配植于疏林边缘，或亭台附近等，有侧方遮荫处。山茶也可盆栽观赏，置于门厅入口，会议室等场所都能取得良好效果。

山茶植株

山茶叶背

山茶花枝

山茶花

山茶叶

山茶果实

199

被子植物

山茶科	Theaceae	**197**	茶
			拉丁名：*Camellia sinensis* (Linn.) O. Ktze.

科属：山茶科山茶属

识别要点：常绿灌木。小枝有细柔毛，叶片薄革质，椭圆形或长椭圆形，先端短急尖，常钝或微凹，基部楔形，上面深绿色，下面浅绿色，边缘有锯齿。花1~3朵腋生或顶生，白色，芳香，直径2.5~3.5 cm。苞片2片，早落；萼片5片，阔卵形至圆形，长3~4 mm，无毛，宿存；花瓣5~8片，阔卵形，长1~1.6 cm，基部略联合。花期10月至翌年2月。

生态习性：喜光，稍耐阴，不喜强光照射，也不喜欢过于荫蔽环境。喜酸性土壤，稍耐寒。

观赏特性及园林应用：茶树花色淡雅，四季常绿，在园林中可成片种植，也可成丛、群植，或种植于庭院中，发挥茶树的观赏性和食用性。

茶果实、枝

茶花

科属：山茶科山茶属

识别要点：常绿灌木或小乔木。高达7 m，小枝微有毛，叶革质，椭圆形，长3.5~9 cm，宽1.8~4.2 cm，上面无毛或中脉有硬毛，下面中脉基部有少数毛或无毛；叶柄长4~7 mm，有毛。花白色，顶生，单生或并生；花瓣5~7，分离，长2.5~4.5 cm，倒卵形至披针形，多少深2裂；雄蕊多数，外轮花丝仅基部合生。花期10月上旬至12月。

生态习性：喜温暖，怕寒冷，喜酸性土壤。抗污染能力极强，抗SO_2，抗氟和吸氯能力都很强。

观赏特性及园林应用：油茶四季常绿，花期正值少花季节，花色素雅，既是冬季观花植物，又是优良的冬季蜜源植物。园林中丛植、群植和片植都适宜，在提升景观效果的同时亦可发挥其环保作用和经济效益。

油茶果实、枝叶

油茶花枝

油茶植株

油茶成熟果实

201

被子植物

| 山茶科 | Theaceae | **199** | 茶梅 |
| | | | 拉丁名：*Camellia sasanqua* Thunb. |

科属：山茶科山茶属

识别要点：常绿灌木。嫩枝有毛，叶片较厚，常两列状排列，通常椭圆形、长圆形或宽椭圆形，长2.5~6 cm，宽1.7~3 cm，先端钝或稍尖，边缘有细锯齿。花大小不一，直径4~7 cm；花常单生于小枝最上部的叶腋，花瓣6~7片，玫瑰红色或淡玫瑰红色，半重瓣至重瓣。花期12月至翌年2月。

生态习性：喜温暖湿润气候，喜半阴，忌烈日暴晒。不耐干旱，喜酸性土壤，不耐积水。

观赏特性及园林应用：茶梅姿态丰盈，花朵瑰丽，开花量多，花期在冬季和早春季节，在园林中可丛植、群植，也可片植。既可用作花篱，也可以盆栽观赏。

茶梅配植

茶梅花

茶梅花

茶梅果

茶梅叶

茶梅花

科属：山茶科山茶属

识别要点：常绿小乔木。嫩枝无毛，叶革质，椭圆形或长圆形，长7~13 cm，宽2.5~5 cm，先端突然渐尖至长渐尖，叶片边缘略反卷，具尖锐小锯齿，上面亮绿色，下面带黄绿色。花通常1~2朵着生于小枝最上部的叶腋，有时兼有腋生，桃红色或粉红色，直径5~7.5 cm，半开或漏斗状，无梗。花期12月至翌年4月。

生态习性：喜半阴、忌烈日。喜温暖气候，稍耐寒。喜酸性土壤，稍耐碱土。

观赏特性及园林应用：美人茶四季常绿，花淡雅而美丽，可在大草坪孤植，也可群植，或者与假山、水体、建筑配植均可。

美人茶植株

美人茶花枝

美人茶枝叶背

美人茶枝叶正面

美人茶花

203

被子植物

山茶科	Theaceae	201	厚皮香 拉丁名：*Ternstroemia gymnanthera* (Wight et Arn.) Beddome

科属：山茶科厚皮香属

识别要点：常绿灌木或小乔木。全株无毛。叶革质，通常聚生于枝端，呈假轮生状，椭圆形、椭圆状倒卵形至长圆状倒卵形，长4.5~10 cm，宽2~4 cm，先端急钝尖或钝渐尖，基部楔形下延，全缘或上半部疏生浅钝齿，齿尖具黑色小点，上面深绿色，下面浅绿色，干后常呈淡红褐色。花单生叶腋或侧生，花瓣5，淡黄白色。果实圆球形，小苞片和萼片均宿存，成熟时肉质假种皮红色。花期5~7月，果期8~10月。

生态习性：喜温暖、湿润气候，耐阴。对土壤适应性强，在酸性、中性及微碱性土壤中均能生长。抗风力强，稍耐寒。

观赏特性及园林应用：厚皮香四季常青，树冠层次分明，叶片光亮润泽，是优良的观赏树种，可种植于疏林草地或种植于高大落叶乔木的下层。

厚皮香枝叶

厚皮香植株

厚皮香花枝

厚皮香果实

科属：山茶科柃属

识别要点：常绿灌木。高1~2 m；嫩枝圆柱形，极稀稍具2棱，被淡黄棕色柔毛。叶厚革质，倒卵形或倒卵状披针形，长1.8~4 cm，宽1~2 cm，先端钝圆而微凹，基部楔形，边缘有细微锯齿。雄花1~2朵生于叶腋，花梗长约2 mm花瓣5，白色，倒卵形，基部合生。雌花1~2朵腋生，花瓣5，卵形，长约3 mm。果实圆球形，直径3~4 mm，成熟时黑色。花期10~11月，果期翌年6~8月。

生态习性：阳性，不耐阴。耐旱，耐盐碱。

观赏特性及园林应用：滨柃四季常青，枝叶密集，花小而芳香，在园林中适合用作地被，或者与其他彩色叶树种搭配做色块。

滨柃花

滨柃叶

滨柃枝叶

滨柃果

滨柃植株

205

被子植物

| 金丝桃科 | Hypericum monogynum | **203** | 金丝桃 |
| | | | 拉丁名：*Hypericum monogynum* Linn. |

科属： 金丝桃科金丝桃属

识别要点： 半常绿小灌木，全株光滑无毛。多分枝，小枝圆柱形，红褐色。叶片长椭圆形或长圆形，先端钝尖，基部渐狭，稍抱茎，上面绿色，下面粉绿色。花单生或组成顶生聚伞花序；花大，金黄色，直径3~5 cm；雄蕊多数，基部合生为5束，与花瓣等长或稍长。花期6~7月。

生态习性： 喜湿润半阴之地，夏季不耐强光照射，不耐水淹。

观赏特性及园林应用： 金丝桃花叶秀丽，花冠如桃花，雄蕊金黄色，细长如金丝绚丽可爱，浙江一带四季常绿，丛植、片植均适宜。

金丝桃枝叶正面

金丝桃植株

金丝桃枝叶

金丝桃花

金丝桃叶背面

科属：柽柳科柽柳属

识别要点：落叶灌木或小乔木。高4~5 m，老枝红紫色或暗红色，嫩枝深绿色，小枝纤细，开展而下垂。叶互生，叶片钻形或卵状披针形，有龙骨状突起，长1~3 mm，蓝绿色，无柄。总状花序生于枝顶，再集合为大形疏散而常下垂的圆锥花序；花瓣5，粉红色。花期5~6月、8~9月各1次。

生态习性：喜光，耐半阴。对土质要求不严，疏松的沙壤土、碱性土、中性土均可，有很强的抗盐碱能力，较耐水湿。

观赏特性及园林应用：柽柳枝条细柔，姿态婆娑，开花如红蓼，颇为美观。园林中适宜成丛种植于水滨、池畔、桥头、河岸和堤防等。

柽柳花序

柽柳叶

柽柳花

柽柳枝叶

柽柳枝干

被子植物

大风子科　Flacourtiaceae　*205*

柞木
拉丁名：*Xylosma japonica* A. Gray

柞木枝叶

科属：大风子科柞木属

识别要点：常绿大灌木或小乔木，高2~16 m；树皮棕灰色，不规则从下面向上反卷呈小片。有枝刺，尤其是萌蘖枝。叶薄革质，菱状椭圆形至卵状椭圆形，长4~8 cm，宽2.5~3.5 cm，先端渐尖，基部楔形或圆形，边缘有锯齿。花小，单性异株，总状花序腋生，长1~2 cm，花梗极短；花瓣缺；雄花有多数雄蕊，花丝细长，花期春季，果期冬季。

生态习性：喜光，耐寒性强。喜凉爽气候，耐干旱、耐瘠薄，喜中性至酸性土壤，耐水湿。

观赏特性及园林应用：柞木具有适应性和抗性强、耐水湿、耐火烧等特性，可用做防火树种，另外其老干虬曲，适宜用作盆景植物素材。

柞木植株

柞木树干

柞木果实

科属：瑞香科结香属

识别要点：落叶灌木，高约2 m，小枝粗壮，褐色，常作三叉分枝，幼枝常被短柔毛，韧皮极坚韧，叶痕大。叶互生，常簇生于枝端；叶片纸质，椭圆形或椭圆状倒披针形，全缘。头状花序生于枝梢叶腋；无花瓣，花萼管状，长约1.5 cm，外面密被淡黄白色绢状长柔毛，裂片4，椭圆形或卵形，内面黄色。花期冬末春初。

生态习性：喜半阴，也耐日晒。喜温暖，稍耐寒。根肉质，忌积水，宜排水良好的肥沃土壤。

观赏特性及园林应用：结香树冠球形，枝叶美丽，早春先叶开花，芳香美丽，适宜种植于庭前、路旁、水边、石间、墙隅。

结香叶片

结香植株

结香花

结香枝条

结香植株

209

被子植物

胡颓子叶背

科属：胡颓子科胡颓子属

识别要点：常绿直立灌木。高3~4 m，具刺，刺顶生或腋生，长20~40 mm，有时较短，深褐色；幼枝微扁棱形，密被锈色鳞片，老枝鳞片脱落，黑色，具光泽。叶革质，椭圆形或阔椭圆形，稀矩圆形，边缘微反卷或皱波状，上面幼时具银白色和褐色鳞片，成熟后脱落，下面密被银白色和散生褐色鳞片。花银白色，下垂，密被鳞片，1~3朵生于叶腋锈色短小枝上。果实椭圆形，长12~14 mm，被褐色鳞片，成熟时红色。花期9~12月，果熟期翌年4~6月。

生态习性：喜光，耐半阴，喜温暖气候，稍耐寒。对土壤适应性强，耐干旱贫瘠，耐水湿，耐盐碱，抗空气污染。

观赏特性及园林应用：胡颓子冬季开黄白色小花，有香味，春夏树上结满红色果实，形美色艳，园林中适宜在庭院或草地孤植或丛植。

胡颓子植株

胡颓子果

科属：胡颓子科胡颓子属

识别要点：花叶胡颓子为胡颓子栽培品种，与原种的区别在于叶片呈现黄色至黄白色斑纹。

生态习性：性喜高温多湿，对土壤适应性较强，喜光，稍耐阴。

观赏特性及园林应用：花叶胡颓子枝条交错，叶背银色，叶面深绿色镶嵌黄斑，非常亮丽，园林中可孤植或丛植观赏。也可盆栽点缀居室，还可制作盆景。

花叶胡颓子叶

花叶胡颓子叶

花叶胡颓子嫩叶

花叶胡颓子植株

211

佘山胡颓子
拉丁名：*Elaeagnus argyi* Levl.

佘山胡颓子叶

科属：胡颓子科胡颓子属

识别要点：半常绿直立灌木，高2~3 m，通常具棘刺；密被淡黄白色鳞片，稀被红棕色鳞片，老枝灰黑色。叶薄纸质或膜质，大小不等，发于春季的叶片较小，椭圆形或矩圆形，长1~4 cm，宽0.8~2 cm，顶端圆形或钝形，发于秋季的为大型叶，矩圆状倒卵形至阔椭圆形，长6~10 cm，宽3~5 cm，两端钝形，边缘全缘，稀皱卷，幼时上面具灰白色鳞毛，成熟后无毛，淡绿色，下面幼时具白色星状柔毛或鳞毛，成熟后常脱落，被白色鳞片。花淡黄色或泥黄色，质厚，被银白色和淡黄色鳞片，下垂或开展，常5~7朵簇生新枝基部呈伞形总状花序。果实倒卵状矩圆形，长13~15 mm，直径6 mm，被银白色鳞片，成熟时红色。花期1~3月，果熟期4~5月。

生态习性：喜光，稍耐阴。不耐干旱，较耐寒。

观赏特性及园林应用：用途类似胡颓子。

佘山胡颓子枝刺

佘山胡颓子植株

佘山胡颓子枝叶

科属：千屈菜科萼距花属

识别要点：常绿小灌木。高30~60 cm，分枝细，密被短柔毛。叶较密集，叶片通常线形至线状披针形或狭椭圆形，幼时两面被贴伏短粗毛，后渐脱落而粗糙。花单生于叶柄之间或近腋生，组成少花的总状花序；花梗纤细；花瓣6，其中上方2枚特大而显著，矩圆形，深紫色，波状，具爪，其余4枚极小，锥形，有时消失。花、果期5~10月。

生态习性：喜光，稍耐阴。耐高温，不耐寒。对土壤适应性强，沙质壤土栽培生长更佳，耐水湿。

观赏特性及园林应用：萼距花枝繁叶茂，叶色浓绿，四季常青，且具有光泽，花美丽而花期长，耐修剪、易成型，可用于庭园石块旁做矮绿篱，花丛、花坛边缘种植，或在绿地中丛植、群植和片植。江浙一带露地种植必须选择背风向阳处，否则难以安全越冬。

萼距花植株

萼距花花、茎、叶

萼距花叶

萼距花植株

213

被子植物

千屈菜科　Lythraceae　**211**　紫薇
拉丁名：*Lagerstroemia indica* Linn.

科属：千屈菜科紫薇属

识别要点：落叶灌木或小乔木。高可达7 m，树皮平滑，灰色或灰褐色；枝干多扭曲，小枝纤细，具4棱，略呈翅状。叶互生或有时对生，纸质，椭圆形、阔矩圆形或倒卵形，长2.5~7 cm，宽1.5~4 cm，顶端短尖或钝形，有时微凹，基部阔楔形或近圆形，无毛或下面沿中脉有微柔毛；无柄或叶柄很短。花淡红色或紫色，直径3~4 cm，常组成7~20 cm的顶生圆锥花序；花瓣6，皱缩，具长爪。花期6~9月。

生态习性：喜阳，略耐阴，耐旱、忌涝，耐修剪，萌蘖性强。在石灰土上生长也很好，有较强的抗寒力。

观赏特性及园林应用：紫薇树姿优美，树干光洁，花色艳丽而花期特长，夏秋相连长可逾百日，是优良的观花树种。紫薇秋叶黄色至橙红色，也是美丽的秋色叶树种，既可用做庭院、公园、绿地的美化，也可用来盆栽观赏。

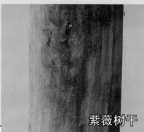
紫薇树干

紫薇枝叶

紫薇花序

紫薇叶背面

紫薇植株

紫薇叶

紫薇植株

科属：千屈菜科紫薇属

识别要点：银薇为紫薇园艺品种，跟原种区别是花白色，其他特征跟原种相同。生态习性、观赏应用与原种相同。

银薇花

银薇植株

215

被子植物

安石榴科　Punicaceae　**213**　石榴
拉丁名：*Punica granatum* Linn.

石榴植株

科属：安石榴科安石榴属

识别要点：落叶灌木或乔木。高2~5 m，全株无毛。小枝略带四棱形，枝顶常成尖锐长刺。叶通常对生或簇生，纸质，长圆状披针形，长2~8 cm，顶端短尖、钝尖或微凹，嫩叶常红色；叶柄短。花大，1至数朵顶生或腋生；花瓣通常大，红色、黄色或白色，皱缘。浆果近球形，直径5~12 cm，通常为淡黄褐色或淡黄绿色，有时白色，稀暗紫色。花期5~7月，果熟期9~11月。

生态习性：石榴性喜光、有一定的耐寒能力。喜湿润肥沃的石灰质土壤。

观赏特性及园林应用：石榴花色丰富，花期长，在园林中常用做花灌木，孤植、丛植、群植均适宜。

石榴花

石榴枝叶

石榴果实

石榴植株

科属：蓝果树科喜树属

识别要点：落叶乔木。高达20余米，树干通直。树皮灰色或浅灰色，纵裂成浅沟状。叶互生，纸质，矩圆状卵形或矩圆状椭圆形，长12~18 cm，宽6~12 cm，顶端短锐尖，基部近圆形或阔楔形，全缘，上面亮绿色，下面淡绿色，疏生短柔毛，叶脉上更密，中脉在上面微下凹，在下面凸起，侧脉11~15对，在上面显著，在下面略凸起。头状花序近球形，花杂性，同株；花瓣5枚，淡绿色，矩圆形或矩圆状卵形。翅果矩圆形，长2~2.5 cm，顶端具宿存的花盘，两侧具窄翅，幼时绿色，干燥后黄褐色，着生成近球形的头状果序。花期5~7月，果熟期9月。

生态习性：喜光，较耐寒。深根性，要求土层深厚。较耐水湿，在酸性、中性、微碱性土壤均能生长，在石灰岩风化土及冲积土生长良好。

观赏特性及园林应用：喜树树形高耸，树冠宽展，叶荫浓郁，是良好的四旁绿化树种，宜做庭荫树和行道树。

喜树植株

喜树翅果

喜树叶

喜树树干

喜树叶背

被子植物

桃金娘科	Myrtaceae	**215**	赤楠

拉丁名：*Syzygium buxifolium* Hook. et Arn.

科属：桃金娘科赤楠属

识别要点：常绿灌木或小乔木。嫩枝有棱，干后黑褐色。叶片革质，阔椭圆形至椭圆形，有时阔倒卵形，长1.5~3 cm，宽1~2 cm，先端圆或钝，有时有钝尖头，基部阔楔形。聚伞花序顶生，长约1 cm，有花数朵；花瓣4，分离，长2 mm。果实球形，直径5~7 mm。花期6~8月。

生态习性：喜光，具有一定的耐阴性。稍耐寒。喜疏松、排水透气良好的土壤。

观赏特性及园林应用：赤楠枝叶密集，四季常绿，老干苍劲曲折，是花、叶、果兼赏的树种，在园林中宜用作地被，还可制作盆景。

赤楠茎叶

赤楠果枝

赤楠植株

科属：桃金娘科香桃木属

识别要点：常绿灌木或小乔木。枝四棱，幼嫩部分稍被腺毛；叶芳香，革质，叶片卵形至披针形，顶端渐尖，基部楔形。花芳香，被腺毛，花梗细长，花瓣5片，白色或淡红色，倒卵形。浆果圆形或椭圆形，大如豌豆，蓝黑色或白色，顶部有宿萼。花期5~6月。

生态习性：喜温暖、湿润气候，喜光，亦耐半阴，萌芽力强，耐修剪，病虫害少，适应中性至偏碱性土壤。

观赏特性及园林应用：香桃木盛花期繁花满树，清雅脱俗，颇有香味，可广泛用于城乡绿化，尤其适于庭园种植。也可作为花境背景树，栽于林缘或向阳的围墙前，形成绿色屏障。

香桃木花

香桃木枝叶

香桃木果实

香桃木植株

被子植物

科属：桃金娘科香桃木属

识别要点：花叶香桃木为香桃木栽培品种，与原种的区别在于叶子边缘有不规则黄斑。

生态习性：与原种相同。

观赏特性及园林应用：花叶香桃木生长繁茂，适应性强，全株常年金黄，色彩艳丽，叶形秀丽，是优良的新型彩叶花灌木。可成片种植做色块、绿篱，亦可修剪成球状做造型苗。

花叶香桃木花

花叶香桃木枝叶

花叶香桃木植株

花叶香桃木植株

科属：桃金娘科红千层属

识别要点：常绿灌木或小乔木。树皮坚硬，灰褐色；嫩枝有棱，初时有长丝毛，不久变无毛。叶片坚革质，线形，长5~9 cm，宽3~6 mm，先端尖锐，初时有丝毛，不久脱落，油腺点明显，叶柄极短。穗状花序生于枝顶；萼管略被毛，萼齿半圆形，近膜质；花瓣绿色，卵形，长6 mm，宽4.5 mm，有油腺点；雄蕊长2.5 cm，鲜红色，花药暗紫色，椭圆形；花柱比雄蕊稍长，先端绿色，其余红色。花期6~8月。

生态习性：阳性树种，喜暖热气候，能耐烈日酷暑，耐寒性不强，不耐阴，喜肥沃潮湿的酸性土壤，也能耐瘠薄干旱的土壤。生长缓慢，萌芽力强，耐修剪，抗风。

观赏特性及园林应用：红千层四季常青，花稠密，聚生于顶端，形成极为奇特的穗状，且色泽艳丽，可做插花，同时也是庭院观花、行道景观、小区绿化的优良树种，或盆栽修剪成型后制成盆景。

221

红千层茎叶

红千层植株

红千层花

红千层应用

红千层树干

被子植物

桃金娘科	Myrtaceae	**219**	千层金
			拉丁名：*Melaleuca bracteata*

科属：桃金娘科白千层属

识别要点：常绿灌木或小乔木。高12 m，树皮灰色，稍坚实；嫩枝常有毛。叶小，金黄色，互生，密集，叶片硬革质，披针形或长圆状披针形；无叶柄。花白色，密集于枝顶组成3~5 cm的穗状花序，总梗有柔毛。花期春季。

生态习性：喜光，抗旱，耐涝，抗盐碱、抗强风。对土壤适应性强，耐盐碱。

观赏特性及园林应用：千层金枝条细长柔软，嫩枝红色，且韧性很好，抗风力强，叶片秋、冬、春三季表现为金黄色，夏季由于温度较高为鹅黄色，是一种优良的彩色叶树种，孤植、丛植和群植都适宜。

千层金盆栽

千层金植株

科属：桃金娘科澳洲茶属

识别要点：常绿灌木。株高约2 m，分枝繁茂，枝条红褐色，较为纤细，新梢通常具有绒毛；叶互生，叶片线状或线状披针形，叶长0.7~2 cm，宽0.2~0.6 cm；花有单瓣、重瓣之分，花色有红、粉红、桃红、白等多种颜色，花朵直径0.5~2.5 cm。自然花期晚秋至春末。

生态习性：喜凉爽湿润、阳光充足的环境，夏季怕高温和烈日暴晒，耐寒性较差。耐旱性较强，对土壤要求不严，但以富含腐殖质、疏松肥沃、排水良好的微酸性土壤最好，忌高温多湿，忌积水。

观赏特性及园林应用：松红梅的盛花期在元旦、春节之间，可作为年宵花陈列于室内，能为节日增加喜庆欢乐的气氛。除盆栽外，松红梅还可用作庭院花灌木，丛植或群植较为适宜。

松红梅枝叶

松红梅盆栽

223

松红梅花枝

松红梅植株

松红梅花、叶

被子植物

桃金娘科	Myrtaceae	**221**	南美桵
			拉丁名：*Feijoa sellowiana* Berg.

科属：桃金娘科南美桵属

识别要点：常绿小乔木。高约5 m，枝圆柱形，灰褐色。叶片革质，椭圆形或倒卵状椭圆形，长6~8.5 cm，宽3.4~3.7 cm，顶端圆形或有时稍微凹或有小尖头，叶背密被灰白色短绒毛，侧脉在下面显著、凸起。花单生于叶腋，有长梗。花直径2.5~5 cm；花瓣外面有灰白色绒毛，内面带紫色；雄蕊多数，排成多列，伸出甚长，雄蕊与花柱略红色。浆果卵圆形或长圆形，直径约1.5 cm，外面有灰白色绒毛，顶部有宿存的萼片。

生态习性：喜光，不耐阴。喜温暖气候，较耐寒。喜疏松、肥沃、排水良好的土壤。

观赏特性及园林应用：南美桵四季常绿，冠形整齐，花丝长、色彩艳丽，夏季耐高温及强光照射，园林中可丛植、群植，成年植株孤植观赏也非常美丽。

南美桵枝叶

南美桵花

南美桵花枝

南美桵植株

五加科 **Araliaceae** **222** 拉丁名：*Fatsia japonica*（Thunb.）Decne. et Planch.

八角金盘

科属：五加科八角金盘属

识别要点：常绿灌木。高达5 m，茎常呈丛生状，有白色大髓心。叶片大，革质，掌状7~9深裂，直径13~19 cm，基部心形，裂片长椭圆形，先端渐尖，凹处圆形，边缘有疏离粗锯齿，幼时下面及叶柄上被褐色茸毛，后渐脱落。伞形花序组成大型圆锥花序，顶生；花黄白色。果近球形，熟时紫黑色。花期10~11月，果期翌年4月。

生态习性：喜温暖湿润环境，耐阴性强，较耐寒；喜湿怕旱，忌烈日直射。

观赏特性及园林应用：八角金盘四季常青，叶片硕大，叶形优美，浓绿光亮，是优良的观叶植物。宜植于庭园、角隅和建筑物背阴处；也可点缀于溪旁、池畔或群植疏林下。八角金盘也能适应室内弱光环境，可用于布置门厅、窗台、走廊、水池边，叶片又是插花的良好配材。

八角金盘植株

八角金盘叶

八角金盘应用

八角金盘花序

八角金盘果实

被子植物

五加科　Araliaceae　**223**

中华常春藤

拉丁名：*Hedera nepalensis* K. Koch var. *sinensis* (Tobl.) Rehd.

科属： 五加科常春藤属

识别要点： 常绿藤本。茎以气生根攀援，一年生枝疏生锈色鳞片。叶片革质，2型，在不育枝上通常为三角状卵形或三角状长圆形，稀三角形或箭形，花枝上的叶片通常为椭圆状卵形至椭圆状披针形，略歪斜而带菱形，全缘或有1~3浅裂。伞形花序单个顶生，或2~7个总状排列或伞房状排列成圆锥花序，直径1.5~2.5 cm，有花5~40朵；花瓣5，三角状卵形，长3~3.5 mm，外面有鳞片。果实球形，红色或黄色，直径7~13 mm。花期9~11月，果熟期翌年3~5月。

生态习性： 极耐阴，也能在光照充足之处生长。

观赏特性及园林应用： 常攀援于林缘树木、林下路旁、岩石和房屋墙壁上，园林中多用作林下地被。

中华常春藤果实

中华常春藤植株

科属：五加科常春藤属

识别要点：常绿攀援灌木，有时呈匍匐状；植株的幼嫩部分及花序均被灰白色星状毛。叶2型，不育枝上的叶片常为3~5裂，上面暗绿色，叶脉带白色，下面苍绿色或黄绿色；能育枝上的叶片常卵形，全缘。伞形花序球状；花黄色。浆果圆球形，熟时黑色。花期9~12月，果期翌年4~5月。

生态习性：喜温暖、湿润环境，稍耐寒。极耐阴，不耐强光照射。对土壤要求不高，但喜肥沃疏松的土壤。

观赏特性及园林应用：常春藤枝蔓茂密青翠，姿态优雅，可用其气生根扎附于假山、墙垣上，可用于垂直绿化。因其耐阴性强，是园林中优良的地被植物。

常春藤地被应用

常春藤盆栽

常春藤植株

常春藤叶

227

被子植物

科属：五加科常春藤属

识别要点：斑叶常春藤为常春藤栽培品种。与常春藤区别在于叶片和叶缘有彩色斑纹或不整齐白色斑纹。

生态习性：与原种相同。

观赏特性及园林应用：多作为盆栽观赏，可放在室内明亮、通风处栽培，如几案花架上，浓叶满盆，翠绿飘洒，甚为美观。也可放置室外半阴处培养或悬挂。

斑叶常春藤叶

斑叶常春藤茎叶

斑叶常春藤地被应用

斑叶常春藤植株

科属：五加科熊掌木属

识别要点：熊掌木为八角金盘与常春藤杂交种。常绿灌木。单叶互生，叶掌状五浅裂，极少三浅裂，似熊掌状，故名。叶端渐尖，叶基心形，叶宽12~16 cm，全缘，波状有扭曲，新叶密被绒毛，老叶浓绿而光滑。叶柄长8~10 cm，柄基呈鞘状与茎枝连接。

生态习性：喜温暖和冷凉环境。喜半阴，阳光直射时叶片会黄化，耐阴性强。较耐寒，不耐高温干旱。

观赏特性及园林应用：四季青翠碧绿，具极强的耐阴能力，适宜在林下群植。也可作为室内盆栽观赏。

熊掌木叶

熊掌木叶

熊掌木林下应用

229

被子植物

秀丽香港四照花
拉丁名：*Derdrobenthamia hongkongensis* Hemsl. ssp. *elegans* (Fang et Hsieh) Q. Y. Xiang

科属：山茱萸科四照花属

识别要点：常绿乔木，稀灌木。树皮灰色或灰黑色，平滑，枝绿色，带紫色，微被柔毛。叶对生，叶片椭圆形或长椭圆形，先端钝，有尖头，两面绿色，或下面带白色，中脉在下面显著，脉腋无毛或簇生浅色毛。头状花序球形，直径8~10 mm；总苞片4，淡黄白色，广卵形至卵状椭圆形；花瓣4，花黄绿色。果序球形，被白色细毛，熟时红色。花期6~7月，果熟期10月。

生态习性：喜温暖湿润气候，有一定耐寒力。抗寒、抗旱，耐贫瘠，耐移植。不耐强光暴晒，不耐水淹。

观赏特性及园林应用：四季常绿，枝叶繁茂。冬季及早春全树叶片变成紫红色，非常美丽。春季满树白色的苞片，秋季橘红色的果实挂满枝头，在园林孤植、丛植、群植和片植都适宜，但需要侧方遮荫。

秀丽香港四照花果

秀丽香港四照花花序及总苞片

秀丽香港四照花花枝

科属：山茱萸科山茱萸属

识别要点：落叶乔木或灌木。高3~6 m，树皮灰黑色，薄片状剥落；小枝绿色，老枝黑褐色。叶对生，纸质，卵状披针形或卵状椭圆形，长5~9 cm，宽2.5~5.5 cm，先端渐尖，基部宽楔形或近于圆形，全缘，上面绿色，无毛，下面浅绿色，稀被白色贴生短柔毛，脉腋密生淡褐色丛毛，中脉在上面明显，下面凸起，近于无毛，侧脉6~7对，弓形内弯。伞形花序生于侧生小枝之顶，有总苞片4，卵形，厚纸质至革质，长约8 mm，带紫色；花小，两性，先叶开放；花瓣4，舌状披针形，长3.3 mm，黄色，向外反卷。核果长椭圆形，长1.2~1.7 cm，直径5~7 mm，红色至紫红色。花期3~4月；果熟期9~10月。

生态习性：喜温暖湿润气候，喜光亦耐阴，不耐水湿。

观赏特性及园林应用：山茱萸春赏黄花，夏看碧叶，秋观红果，在园林应用上可孤植、片植、列植。

山茱萸叶、果实

山茱萸植株

山茱萸叶、果

山茱萸花序

山茱萸叶背、幼果

231

被子植物

山茱萸科	Cornaceae	**229**	洒金桃叶珊瑚
			拉丁名：*Aucuba japonica* Thunb. var. *variegate*

科属：山茱萸科桃叶珊瑚属

识别要点：洒金桃叶珊瑚为桃叶珊瑚变种。常绿灌木。高约3 m，枝、叶对生。叶革质，长椭圆形，卵状长椭圆形，稀阔披针形，长8~20 cm，宽5~12 cm，先端渐尖，基部近于圆形或阔楔形，上面亮绿色，下面淡绿色，边缘上部具2~4（6）对疏锯齿或近于全缘，叶片有大小不等的黄色或淡黄色斑点。圆锥花序顶生；花瓣近于卵形或卵状披针形，长3.5~4.5 mm，宽2~2.5 mm，暗紫色。果卵圆形，熟时红色。花期3~4月；果熟期至翌年4月。

生态习性：喜湿润、排水良好、肥沃的土壤。极耐阴，夏季怕暴晒。不甚耐寒。

观赏特性及园林应用：洒金桃叶珊瑚是十分优良的耐阴树种，叶片黄绿相映，十分美丽，宜栽植于园林的庇荫处或树林下。也可作为室内盆栽观赏。

洒金桃叶珊瑚果

洒金桃叶珊瑚植株

洒金桃叶珊瑚叶

洒金桃叶珊瑚花序、嫩叶

科属：杜鹃花科杜鹃花属

识别要点：半常绿灌木。高2~5 m；分枝多而纤细，密被亮棕褐色扁平糙伏毛。叶革质，常集生枝端，卵形、椭圆状卵形或倒卵形至倒披针形，长1.5~5 cm，宽0.5~3 cm，先端短渐尖，基部楔形或宽楔形，边缘微反卷，全缘，上面深绿色，疏被糙伏毛，下面淡白色，密被褐色糙伏毛，中脉在上面凹陷，下面凸出。花2~3(6)朵簇生枝顶；花冠阔漏斗形，玫瑰色、鲜红色或暗红色，上部裂片具深红色斑点；雄蕊10个，长约与花冠相等；花萼宿存。花期4~5月。

生态习性：喜凉爽、湿润气候，忌酷热干燥。要求富含腐殖质、疏松、湿润及pH在5.5~6.5之间的酸性土壤。

观赏特性及园林应用：杜鹃品种繁多，花色绚丽，花、叶兼美，地栽、盆栽皆宜，是中国十大传统名花之一。园林中最宜在林缘、溪边、池畔及岩石旁成丛成片栽植，也可于疏林下散植。

色块（铺地龙柏+杜鹃+红叶石楠）

杜鹃叶

比利时杜鹃花

杜鹃叶

杜鹃地被

杜鹃花

233

被子植物

紫金牛
拉丁名：*Ardisia japonica* (Thunb.) Bl.

科属： 紫金牛科紫金牛属

识别要点： 半灌木。具匍匐茎，长而横走，稍分枝。茎高20~30 cm，稀达40 cm，不分枝，幼时被细微柔毛，以后无毛。叶对生或近轮生，常3~4叶聚生于茎梢；叶片坚纸质或近革质，椭圆形至椭圆状倒卵形，顶端急尖，基部楔形，边缘具细锯齿，多少具腺点。伞形花序生于近茎顶端的叶腋，有花2~5朵；花瓣粉红色或白色，广卵形，长4~5 mm，无毛，具蜜腺点。果球形，直径5~6 mm，鲜红色转黑色，多少具腺点。花期5~6月，果期9~11月。

生态习性： 喜温暖、湿润环境，喜荫蔽，忌阳光直射。喜富含腐殖质、排水良好的土壤。

观赏特性及园林应用： 紫金牛枝叶常青，入秋后果色鲜艳，经久不凋，能在郁密的林下生长，是一种优良的地被植物。

紫金牛果、叶

紫金牛植株

紫金牛地被应用

紫金牛叶

科属：紫金牛科紫金牛属

识别要点：灌木。高1~2 m，茎粗壮，无毛，除侧生特殊花枝外无分枝。叶片革质或坚纸质，椭圆形、椭圆状披针形至倒披针形，顶端急尖或渐尖，基部楔形，长7~15 cm，宽2~4 cm，边缘具皱波状或波状齿，具明显的边缘腺点，两面无毛。伞形花序或聚伞花序着生于侧生特殊花枝顶端；花瓣白色，稀略带粉红色，盛开时反卷，卵形。果球形，直径6~8 mm，鲜红色，具腺点。花期5~6月，果熟期10~12月，有时2~4月。

生态习性：喜温暖、湿润、荫蔽、通风良好环境。不耐干旱和贫瘠，全日照下生长不良，亦不耐水湿。

观赏特性及园林应用：朱砂根株形美观，果实红艳，在绿叶遮掩下相映成趣，煞是好看，而且挂果期长，又适值春节，加上其耐阴性强，是室内优良的盆栽观果植物。园林应用时适合种植于较荫处如立交桥下、景观林下，或公园、庭院的角隅。

235

朱砂根植株

朱砂根植株

朱砂根果

朱砂根花

被子植物

蓝雪科	Plumbaginaceae	**233**	蓝雪花

拉丁名：*Plumbago auriculata* Lamk.

科属： 蓝雪科蓝雪属

识别要点： 常绿蔓性亚灌木。茎高50~70 cm，枝具棱槽。单叶互生，叶片纸质，长圆状卵形，先端钝而具小尖头，基部楔形。叶柄基部扩大成耳状，抱茎。穗状花序顶生或腋生，花序轴密生细柔毛，有花8朵左右；花冠浅蓝色，高脚碟状，顶端5裂。花期7~8月。

生态习性： 喜光，稍耐阴，不宜在烈日下暴晒，要求湿润环境，干燥对其生长不利，不耐干旱，宜在富含腐殖质，排水通畅的沙壤土上生长。耐寒性较差。

观赏特性及园林应用： 叶色翠绿，花色淡雅，炎热的夏季给人以清凉之感，可盆栽点缀居室、阳台，或丛植于庭院、路边，片植于林缘或点缀草坪。

蓝雪花应用

蓝雪花花序

蓝雪花花序

蓝雪花叶

蓝雪花植株

科属：柿科柿属

识别要点：半常绿灌木或小乔木。树冠开展，多枝，有刺；枝圆筒形，深褐色至黑褐色，有小柔毛，后变无毛，散生纵裂近圆形的小皮孔；小枝纤细，褐色至带黑色，平直，有短柔毛。叶薄革质，长圆状披针形，长4~9 cm，宽1.8~3.6 cm，两端钝，上面光亮，深绿色，下面淡绿色。雄花成聚伞花序，极少单生；花冠壶状，4裂，裂片宽卵形，反曲；雌花单生于叶腋，白色，芳香；花冠较花萼短，壶状，有短柔毛，4裂，裂片覆瓦状排列，近三角形。果球形，直径1.5~3 cm，嫩时绿色，熟时黄色。花期4~5月，果熟期8~10月。

生态习性：喜光，稍耐阴。对土壤适应性强，能耐短期积水，亦耐旱。

观赏特性及园林应用：乌柿果实形状优美，成熟后挂满枝头，金黄宜人，是典型的观果植物。常用作盆景素材。园林中亦可丛植或群植。

乌柿枝叶

乌柿花枝

乌柿植株

乌柿叶、果

被子植物

浙江柿
拉丁名：*Diospyros glaucifolia* Metc.

浙江柿叶

科属：柿科柿属

识别要点：落叶乔木。树皮灰黑色或灰褐色，枝深褐色或黑褐色，散生纵裂的唇形小皮孔；叶革质，宽椭圆形、卵形或卵状披针形，长7.5~17.5 cm，宽3.5~7.5 cm，先端急尖，基部圆形、截形、浅心形，上面深绿色，无毛，下面粉绿色，无毛或疏生贴伏柔毛，中脉上面凹下，下面明显凸起。花雌雄异株；雄花集成聚伞花序，通常有3朵，有短硬毛；花冠壶形，4浅裂，裂片近圆形；雌花单生或2~3朵丛生，腋生，花冠带黄色，壶形，4裂，花冠管长约5 mm，有睫毛。花期5~6月，果熟期8~10月。

生态习性：阳性树种，喜温暖亦耐寒。耐干旱力较强，对土壤要求不严，但不喜沙质土。

观赏特性及园林应用：浙江柿树冠宽广，枝繁叶大，秋天叶红似花，果黄如金，是观形、观叶、观果俱佳的树种，在园林中可孤植、群植，也可与常绿乔木灌木混合种植。

浙江柿枝干

浙江柿叶背面

浙江柿幼果

科属：柿科柿属

识别要点：落叶乔木。树皮深灰色至灰黑色，条状纵裂；老枝灰白色，有长圆形皮孔，幼枝有绒毛。叶片厚膜质，宽椭圆形、长圆状卵形或倒卵形，先端急尖或凸渐尖，基部宽楔形或近圆形，上面深绿色有光泽，下面疏生褐色柔毛。花雌雄异株或杂性同株：雄花3朵成短聚伞花序；花冠黄白色，坛状。雌花单生于叶腋；花冠白色，坛状。花期4~5月，果熟期8~10月。

生态习性：喜光，耐寒，喜湿润也耐干旱，对土壤适应性强，但不喜沙质土。

观赏特性及园林应用：柿树树冠宽广，枝叶浓密，遮荫效果好。秋季叶子逐渐变黄、变红；橙红色的果实也极具美感。适合庭院孤植，既可赏果，又可食用，另外在休闲农庄成片种植也非常适宜。

柿树植株

柿树雌花

柿树果枝

柿树雄花

柿树树干

柿树果实

239

被子植物

| 柿科 | Ebenaceae | **237** | 油柿
拉丁名：*Diospyros oleifera* Cheng |

油柿果实

油柿果枝

科属：柿科柿属

识别要点：落叶乔木。树干通直，树皮深灰色或灰褐色，呈薄片状剥落，露出白色的内皮；叶纸质，长圆形、长圆状倒卵形成倒卵形，先端短渐尖，基部圆形，或近圆形而两侧稍不等，或为宽楔形，边缘稍背卷，上面深绿色，下面绿色。花黄白色，常雌雄异株。浆果卵圆形或扁球形，黄绿色，无光泽，有毛。花期5月，果熟期10~11月。

生态习性：喜光，抗旱，耐瘠薄土壤，抗性和适应性强。

观赏特性及园林应用：因其适应性和抗性强，因此可做四旁绿化树种，或在瘠薄土壤上成片栽植既有一定观赏价值，还可采收果实。

油柿树干

油柿叶背面

科属：安息香科安息香属

识别要点：落叶灌木。高1~2 m，嫩枝纤弱，具沟槽，密被星状长柔毛，后渐脱落至完全无毛，老枝圆柱形，紫红色，直立或有时蜿蜒状。叶互生，纸质，有时侧枝最下两叶近对生而较大，椭圆形、倒卵形或长圆状披针形，边缘具细锯齿，当年生小枝的嫩叶两面均无毛至密被褐色或灰色星状柔毛。总状花序顶生，有花3~5朵，下部常单花腋生；花序梗和花梗均密被灰黄色星状短柔毛；花白色，花冠5裂，裂片膜质，披针形或长圆形。花期4~6月。

生态习性：喜光，稍耐阴，耐旱。

观赏特性及园林应用：白花龙于春季开白色花朵，簇生于枝顶，不时逸出香气，色、香俱佳，宜成丛点缀庭园，或成片栽于疏林草地。

白花龙植株

白花龙叶片

白花龙结果枝

被子植物

秤锤树

拉丁名：*Sinojackia xylocarpa* Hu

科属：安息香科秤锤树属

识别要点：落叶小乔木。嫩枝灰褐色，密被星状短柔毛，成长后红褐色而无毛，表皮常呈纤维状脱落。叶纸质，倒卵形或椭圆形，长3~9 cm，宽2~5 cm，顶端急尖，基部楔形或近圆形，边缘具硬质锯齿。总状聚伞花序生于侧枝顶端，有花3~5朵；花梗柔弱而下垂；花冠5裂，裂片长圆状椭圆形，顶端钝，两面均密被星状绒毛。果实卵形，连喙长2~2.5 cm，宽1~1.3 cm，红褐色，有浅棕色的皮孔，无毛，顶端具圆锥状的喙。花期3~4月，果熟期7~9月。

生态习性：喜光，不耐阴，较耐寒。喜深厚、肥沃、湿润、排水良好的土壤，不耐干旱瘠薄。

观赏特性及园林应用：秤锤树春季花白如雪，秋季果实累累，看似秤锤，果序下垂，随风摆动，很独特，在园林中可孤植，也可片植。

秤锤树花

秤锤树果实

秤锤树果实

秤锤树植株

科属：木犀科连翘属

识别要点：落叶灌木。高可达3 m，枝棕褐色或红棕色，直立，小枝绿色或黄绿色，呈四棱形，皮孔明显，具片状髓。叶片长椭圆形至披针形，或倒卵状长椭圆形，长3.5~15 cm，宽1~4 cm，先端锐尖，基部楔形，通常上半部具不规则锐锯齿或粗锯齿。花1~3（4）朵着生于叶腋，先于叶开放；花冠深黄色，钟形，4深裂，裂片狭长圆形，先端钝。花期3~4月。

生态习性：喜光，耐半阴，耐热、耐寒、耐旱、耐湿。在温暖湿润、背风面阳处生长良好。

观赏特性及园林应用：金钟花先花后叶，花朵金黄灿烂，非常亮丽，是春季良好的观花植物，可丛植于草坪、墙隅、路边、树缘，院内庭前等处，也可片植。

金钟花花

金钟花枝叶

金钟花丛植

金钟花枝髓

金钟花枝

被子植物

| 木犀科 | Oleaceae | **241** | 紫丁香
拉丁名：*Syringa oblata* Lindl. |

科属： 木犀科丁香属

识别要点： 落叶灌木或小乔木。高可达5 m，树皮灰褐色或灰色。小枝、花序轴、花梗、苞片、花萼、幼叶两面以及叶柄均密被腺毛。小枝较粗，疏生皮孔。叶片革质或厚纸质，卵圆形至肾形，宽常大于长，先端短凸尖至长渐尖或锐尖，基部心形、截形至近圆形，或宽楔形。圆锥花序直立。花冠紫色，花冠管圆柱形，裂片4枚，裂片呈直角开展，卵圆形、椭圆形至倒卵圆形。花期4~5月。

生态习性： 喜光，耐寒，耐旱，喜湿润而排水良好的土壤。忌积涝、湿热。

观赏特性及园林应用： 紫丁香植株丰满秀丽，枝叶茂密，且具独特的芳香，常丛植于建筑前、茶室凉亭周围，或散植于园路两旁、草坪之中。

紫丁香花

紫丁香枝叶

紫丁香植株

科属: 木犀科丁香属

识别要点: 白丁香为紫丁香变种。与原种区别在于花白色, 叶片较小。

生态习性: 与原种相同。

观赏特性及园林应用: 白丁香春季满树白花, 典雅美丽, 在园林中既可丛植, 也可群植, 若以常绿的高大乔木为背景树, 则景观效果更佳。

白丁香花

白丁香叶

白丁香植株

245

被子植物

| 木犀科 | Oleaceae | **243** | 桂花
拉丁名：*Osmanthus fragrans* (Thunb.) Lour. |

科属：木犀科木犀属

识别要点：常绿乔木或灌木。高3~5 m，最高可达18 m；树皮灰褐色。叶片革质，椭圆形、长椭圆形或椭圆状披针形，先端渐尖，基部渐狭呈楔形或宽楔形，全缘或通常上半部具细锯齿，两面无毛，腺点在两面连成小水泡状突起，中脉在上面凹入，下面凸起。花芽和叶芽叠生。聚伞花序簇生于叶腋，或近于帚状，每腋内有花多朵；花极芳香；花冠黄白色、淡黄色、黄色或橘红色。花期9月至10月上旬。

生态习性：喜阳，但有一定的耐阴能力。喜温暖环境，宜在土层深厚，排水良好，肥沃、富含腐殖质的偏酸性砂质土壤中生长。不耐干旱和瘠薄。

观赏特性及园林应用：桂花终年常绿，花期正值仲秋，有"独占三秋压群芳"的美誉，园林中常孤植、对植，也可成丛成片栽植。同时也是盆栽观赏的好材料。

桂花植株

桂花花枝

丹桂植株

桂花果实

桂花树干

丹桂花

桂花叠芽

科属： 木犀科女贞属

识别要点： 常绿乔木或小乔木。高5~10 m，树皮灰褐色，光滑不裂。枝无毛，疏生圆形或长圆形皮孔。叶片革质而脆，卵形、长卵形或椭圆形至宽椭圆形，中脉在上面凹入，下面凸起。圆锥花序顶生，长8~20 cm，宽8~25 cm；花冠白色，花冠管长1.5~3 mm，顶端4裂，裂片长2~2.5 mm，反折。浆果成熟时呈蓝黑色，被白粉。花期5~7月，果期7月至翌年5月。

生态习性： 女贞耐寒性好，耐水湿，喜温暖湿润气候，喜光亦耐阴。为深根性树种，萌芽力强，耐修剪。对大气污染的抗性较强，对土壤要求不严。

观赏特性及园林应用： 女贞四季常绿，枝叶茂密，树形整齐，是园林中常用的观赏树种，可孤植或丛植，亦可作为庭荫树或行道树。

女贞植株

女贞枝叶

女贞花序

女贞果枝

247

被子植物

木犀科	Oleaceae	**245**	金森女贞
			拉丁名：*Ligustrum japonicum* 'Howardii'

科属：木犀科女贞属

识别要点：金森女贞为日本女贞的园艺品种。常绿灌木。叶革质，厚实，有肉感；春季新叶鲜黄色，至冬季转为金黄色，部分新叶沿中脉两侧或一侧局部有云翳状浅绿色斑块，色彩明快悦目；节间短，枝叶稠密。花白色，果实呈紫色。花期6月，果期11月。

生态习性：喜光，耐半阴，长势强健，萌发力强，耐修剪。抗风雪，耐寒性强。

观赏特性及园林应用：金森女贞叶色金黄，株形美观，耐修剪，生长速度又较慢，是优良的绿篱树种。观叶、观花和观果兼可，因其适应性和抗性都很强，作为基础种植非常适宜。

金森女贞盆栽

金森女贞花序

金森女贞新生叶

金森女贞植株

科属：木犀科女贞属日本女贞园艺品种

识别要点：常绿灌木或小乔木。株高可达2~3 m。枝条斜向生长，叶对生，倒卵圆形、革质，嫩叶绿，边缘粉红，成熟叶边缘由粉红逐渐转金黄，老叶少数会全部转绿。圆锥花序顶生，花白色，裂片4个，反折，芳香，花期5~6月。

生态习性：喜光，稍耐阴，喜温暖，也较耐寒。在微酸性土壤中生长迅速，中性、微碱性土壤亦能正常生长。萌芽力强，耐修剪，适应范围广。

观赏特性及园林应用：银霜女贞色彩亮丽，生长较快，萌芽力强，极耐修剪，抗逆性较强，主要用于配植园林色块，街道、公路等道路绿篱。

银霜女贞植株

银霜女贞叶

银霜女贞花序

银霜女贞植株

银霜女贞叶

被子植物

木犀科	Oleaceae	**247**	金叶女贞 拉丁名：*Ligustrum × vicaryi* Hort

科属：木犀科女贞属

识别要点：金叶女贞是由加州金边女贞与欧洲女贞杂交育成的，高2~3 m，冠幅1.5~2 m。叶片较大叶女贞稍小，单叶对生，椭圆形或卵状椭圆形，长2~5 cm。总状花序，小花白色。核果阔椭圆形，紫黑色。

生态习性：金叶女贞性喜光，耐阴性较差，耐寒力中等，不耐强光暴晒，不耐干旱，不耐水淹。

观赏特性及园林应用：金叶女贞在生长季节叶色呈鲜丽的金黄色，目前已大量应用在园林绿化中，主要用来组成图案和建造绿篱。但金叶女贞观赏期短，夏季高温和冬季低温时叶色发紫、发黑，在嘉兴及周边地区冬季落叶严重，对于不能精细管理的绿地不建议使用。

金叶女贞色块应用

金叶女贞花

金叶女贞植株

金叶女贞嫩叶

金叶女贞植株

小蜡茎叶

小蜡花

科属： 木犀科女贞属

识别要点： 半常绿灌木或小乔木。高2~5 m，小枝圆柱形，幼时被淡黄色短柔毛或柔毛，老时近无毛。叶片纸质，卵形、椭圆状卵形、长圆形、长圆状椭圆形至披针形，先端钝或急尖，常微凹，基部宽楔形至近圆形，或为楔形，全缘，稍反卷；叶柄被短柔毛。圆锥花序顶生或腋生，花序轴被较密短柔毛；花冠白色，花冠筒长1.5~2.0 mm，顶端4裂，裂片长圆状椭圆形或卵状椭圆形。花期3~6月。

生态习性： 喜光，稍耐阴，较耐寒，对土壤要求不高，耐修剪。抗SO_2等多种有毒气体。

观赏特性及园林应用： 小蜡适应性和抗性强，园林中多作基础栽植或用做绿篱。规则式园林中常可修剪成长、方、圆等几何形体；也常栽植于工矿区；老干根古，虬曲多姿，宜做树桩盆景。

小蜡造型应用

小蜡植株

被子植物

| 木犀科 | Oleaceae | 249 | 银姬小蜡
拉丁名：*Ligustrum sinense* cv. Variega-tum |

科属：木犀科小蜡属

识别要点：常绿小乔木。老枝灰色，小枝圆且细长。叶对生，厚纸质或薄革质，椭圆形或卵形，叶缘镶有乳白色边环。花序顶生或腋生，小花白色；核果近球形。花期4~6月。果期9~10月。

生态习性：喜光，稍耐阴，耐寒，耐盐碱土壤，耐瘠薄，对土壤适应性强。抗旱能力强，耐积水。

观赏特性及园林应用：银姬小蜡叶片银绿色，叶缘镶有宽窄不规则的乳白色边环。全年整株看起来色彩斑斓，是优良的观叶植物，园林中常用作地被色块、绿篱，或修剪成球形。

银姬小蜡植株

银姬小蜡叶

银姬小蜡果实、叶背

银姬小蜡球型植株

科属：木犀科素馨属

识别要点：常绿蔓性灌木。枝绿色，直立或弯曲，4棱形，无毛。叶对生，单叶和三出复叶混生；叶片圆形、长圆状卵形或狭长圆形，三出复叶的顶生小叶比侧生小叶大，全缘或有细微锯齿。花大，单生于枝下部叶腋；花冠黄色，呈半重瓣。花期4月。

生态习性：喜光稍耐阴，喜温暖湿润气候。

观赏特性及园林应用：云南黄馨枝条细长，拱形，柔软下垂，用于屋顶、阳台、坡地、河岸悬垂式绿化最为适宜，也可丛植于庭院或疏林草地。

云南黄馨茎叶

云南黄馨花

云南黄馨植株

云南黄馨应用

253

被子植物

| 木犀科 | Oleaceae | **251** | 迎春
拉丁名：*Jasminum nudiflorum* Lindl. |

科属：木犀科素馨属

识别要点：落叶灌木。枝绿色，直立或弯曲，幼枝呈4棱形。叶对生，三出复叶，有时幼枝基部有单叶；小叶片卵形至长圆状卵形，全缘，有缘毛，两面无毛。花先叶开放，单生于去年生枝的叶腋；花冠黄色，花冠筒长1~1.5 cm，通常6裂。花期2~3月。

生态习性：性喜光，稍耐阴，较耐寒，喜湿润，也耐干旱，怕涝。

观赏特性及园林应用：迎春枝条披垂，早春先花后叶，花色金黄，园林中宜配植在湖边、溪畔、桥头、墙隅或在草坪、林缘、坡地，供早春观花。

迎春

迎春应用

迎春植株

迎春花

迎春枝叶

科属：木犀科素馨属

识别要点：半常绿小灌木或藤本状灌木。羽状复叶，小叶5~7枚（偶见单叶或3小叶），叶片薄革质，叶缘有细密齿毛。聚伞花序，鲜黄色，花浓香。花期5~6月。

生态习性：喜光，耐半阴，耐旱，较耐寒。对土壤适应性广。

观赏特性及园林应用：浓香茉莉花色鲜艳，叶片秀丽，适应性强，在园林中适宜丛植、群植，或沿园路、林缘不规则成行种植。

浓香茉莉植株

浓香茉莉花序

浓香茉莉叶片

浓香茉莉三出复叶

浓香茉莉花

255

被子植物

马钱科　Loganiaceae　**253**

醉鱼草
拉丁名：*Buddleja lindleyana* Fort.

醉鱼草方形小枝

醉鱼草花枝

科属：马钱科醉鱼草属

识别要点：落叶灌木。高可达2 m，茎皮褐色；小枝具窄翅；幼枝、叶片下面、叶柄、花序、苞片及小苞片均密被星状短绒毛和腺毛。叶对生，叶片卵形、椭圆形至长圆状披针形，长3~11 cm，宽1~5 cm，顶端渐尖，基部宽楔形至圆形，边缘全缘或具有波状齿，上面深绿色，幼时被星状短柔毛，后变无毛，下面灰黄绿色。穗状聚伞花序顶生，长4~40 cm，宽2~4 cm；花冠紫色，稀白色，芳香；花冠长13~20 mm，内面被柔毛，花冠管弯曲，顶端4裂。花期4~10月。

生态习性：喜光，稍耐阴。喜温暖湿润气候和深厚肥沃的土壤，适应性强，稍耐水湿。

观赏特性及园林应用：花芳香而美丽，为公园常见优良观赏植物。可丛植于草地，也可用作坡地、墙隅绿化，装点山石、庭院、道路、花坛都非常优美。

醉鱼草花序

醉鱼草植株

科属： 夹竹桃科夹竹桃属

识别要点： 常绿直立大灌木。嫩枝具棱，有微毛，老时秃净。枝条上部叶3~4枚轮生，下部叶对生，叶片窄披针形，顶端急尖，基部楔形，叶缘反卷，叶面深绿，叶背浅绿色；中脉在叶面陷入，在叶背凸起，侧脉两面扁平，纤细，密生而平行。聚伞花序顶生，着花数朵；花芳香；花冠深红色或粉红色，漏斗状，裂片单瓣、半重瓣或重瓣，喉部有5片撕裂的副花冠。花期6~10月。

生态习性： 喜光，喜温暖、湿润的气候，稍耐寒。耐旱力强，对土壤要求不严，在碱性土中也能生长。

观赏特性及园林应用： 夹竹桃的叶片如柳似竹，红花灼灼，胜似桃花，花冠粉红至深红，有特殊香气，观赏期长。夹竹桃对有害气体、烟尘等抗性强，作为厂矿区、高速路、铁路两边绿化最为适宜。但由于其树液有一定的毒性，不适于家庭种植。

夹竹桃叶

夹竹桃花

夹竹桃叶

夹竹桃植株

257

被子植物

科属：夹竹桃科夹竹桃属

识别要点：白花夹竹桃为夹竹桃栽培变种。与原种区别在于花为白色。其他特征与原种相同。

生态习性：与原种相似。

观赏特性及园林应用：与原种相似。

白花夹竹桃花

白花夹竹桃植株

科属：夹竹桃科蔓长春花属

识别要点：蔓性半灌木，茎偃卧，花茎直立；除叶缘、叶柄、花萼及花冠喉部有毛外，其余均无毛。叶椭圆形，长2~6 cm，宽1.5~4 cm，先端急尖，基部下延，侧脉约4对；叶柄长1 cm。花单朵腋生；花梗长4~5 cm；花萼裂片狭披针形，长9 mm；花冠蓝色，花冠筒漏斗状，花冠裂片倒卵形，长12 mm，宽7 mm，先端圆形。花期3~5月。

生态习性：喜光也较耐阴。喜温暖湿润，稍耐寒。喜深厚肥沃湿润的土壤。

观赏特性及园林应用：蔓长春花既耐热又耐寒，四季常绿，有着较强的生命力，是一种理想的地被植物。长大后枝条长而下垂，因此也可用作垂直绿化材料进行岸坡、桥面等绿化。

蔓长春花花枝

蔓长春花茎叶

259

被子植物

夹竹桃科　Apocynaceae　**257**　花叶蔓长春花
拉丁名：*Vinca major* Linn. cv. *variegata*

科属：夹竹桃科蔓长春花属
识别要点：花叶蔓长春花为蔓长春花变种。叶的边缘白色，有黄白色斑点。其他形态特征、生态习性和用途与原种相同。
生态习性：与原种相似。
观赏特性及园林应用：花叶蔓长春叶片黄绿相间，四季常绿，初夏又有蓝色花朵可观，是优良的观叶、观花植物。适于在疏林下作地被植物，也可作岸坡绿化植物，还可盆栽垂吊观赏。

花叶蔓长春花应用

花叶蔓长春花花枝

花叶蔓长春花茎叶

花叶蔓长春花地被应用

科属：夹竹桃科络石属

识别要点：常绿木质藤本。长达10 m，具乳汁；茎赤褐色，圆柱形，有皮孔；小枝被黄色柔毛，老时渐无毛。叶革质或近革质，椭圆形至卵状椭圆形或宽倒卵形，长2~10 cm，宽1~4.5 cm；叶面中脉微凹，侧脉扁平，叶背中脉凸起。二歧聚伞花序腋生或顶生，花多朵组成圆锥状，与叶等长或较长；花冠白色，芳香，高脚碟状；花冠筒圆筒形，中部膨大，5裂。花期3~7月。

生态习性：喜弱光，亦耐烈日高温。对土壤的要求不严，一般肥力中等的轻黏土及沙壤土均宜，酸性土及碱性土均可生长，较耐干旱，也耐湿，但忌水淹。

观赏特性及园林应用：络石四季常绿，耐阴性强，在园林中多作地被，也可盆栽观赏。

络石果实

络石应用

络石应用

络石花

络石植株

被子植物

夹竹桃科	Apocynaceae	259	花叶络石
			拉丁名：*Trachelospermum jasminoides* 'Flame'

科属：夹竹桃科络石属

识别要点：花叶络石为络石园艺品种。常绿木质藤蔓植物。在园艺栽培上，一般藤长20~40 cm。叶对生，革质，卵形；全光照条件下，老叶淡绿色，新叶多数第一对粉红色，第二、三对白色，新、老叶间有斑状花叶，叶脉多呈白色，叶面有不规则白色或乳黄斑点，并带红晕。弱光条件下，叶片多呈现绿色。

生态习性：喜光，稍耐阴。喜湿，耐干旱，抗寒力强，不耐积水。

观赏特性及园林应用：花叶络石的观赏价值体现在不同的叶色，由红叶、粉红叶、纯白叶、斑叶和绿叶所构成的色彩群，极似一簇盛开的鲜花，极其艳丽多彩，尤其以春、夏、秋三季更佳。园林中可用于林下、林缘地被，攀援墙垣、山石或做盆栽观赏。

花叶络石叶

花叶络石植株

花叶络石茎叶

花叶络石配植

夹竹桃科	Apocynaceae	**260**	黄金络石

拉丁名：*Trachelospermum asiaticum* 'Ougonnishiki'

科属：夹竹桃科络石属

识别要点：黄金络石为络石园艺品种。与原种区别是，金黄色，间有红色和墨绿色斑点。

生态习性：喜光，较耐阴，但不耐强光暴晒，也不能过于荫蔽。喜排水良好的微酸性或中性土壤。抗病能力强，生长旺盛。耐干旱，较耐寒，在长江流域以南可露天栽培。

观赏特性及园林应用：黄金络石以其高贵的"黄金色"，在园林中既可以作地被植物，也可用于色块拼植；或作为攀援植物，也可以做悬挂植物，用于各种花境布置，同时它又是优良的盆栽植物材料。

黄金络石植株

黄金络石应用

黄金络石茎叶

263

被子植物

萝藦科　Asclepiadaceae　**261**　　杠柳
拉丁名：*Periploca sepium* Bunge

科属：萝藦科杠柳属

识别要点：落叶蔓性灌木。长可达1.5 m，具乳汁，除花外，全株无毛；茎皮灰褐色；小枝通常对生，有细条纹，具皮孔。叶卵状长圆形，顶端渐尖，基部楔形，叶面深绿色，叶背淡绿色；中脉在叶面扁平，在叶背微凸起。聚伞花序腋生，着花数朵；花冠紫红色，辐状，张开直径1.5 cm，花冠筒短，约长3 mm，裂片长圆状披针形；副花冠环状，10裂，其中5裂延伸丝状被短柔毛，顶端向内弯。花期5~6月。

生态习性：喜光亦耐阴，耐寒，耐旱，耐瘠薄。对土壤适应性强，根系发达，具有较强的无性繁殖能力，同时具有较强的抗旱性，具有较强的抗风蚀、抗沙埋的能力。

观赏特性及园林应用：杠柳茎叶光滑无毛，花紫红色，具有一定的观赏价值。是一种极好的固土护坡植物。

杠柳花序、叶

杠柳花

杠柳花

科属：马鞭草科紫珠属

识别要点：落叶灌木。高约2 m，小枝、叶柄和花序均被星状毛。叶片卵状长椭圆形至椭圆形，边缘有细锯齿，表面干后暗棕褐色，有短柔毛，背面灰棕色，密被星状柔毛，两面密生暗红色或红色细粒状腺点。聚伞花序；花冠紫色，长约3 mm，被星状柔毛和暗红色腺点；果实球形，熟时紫色，无毛，径约2 mm。花期6~7月，果期8~11月。

生态习性：喜温暖湿润气候，喜半阴，不耐强光直射，在阴凉的环境生长较好。不耐干旱，较耐寒。

观赏特性及园林应用：紫珠树形优美，果实经久不落，是理想的观果灌木。可丛植于疏林下，或列植于街道两侧绿化带中、园路两旁的行道树下。

紫珠 花序

紫珠 植株

紫珠 茎叶

紫珠 果实

265

被子植物

马鞭草科　Verbenaeae　**263**　海州常山
拉丁名：*Clerodendrum trichotomum* Thunb.

科属： 马鞭草科赪桐属

识别要点： 落叶灌木或小乔木。高1.5~10 m，幼枝、叶柄、花序轴等多少被黄褐色柔毛或近于无毛，老枝灰白色，具皮孔，髓白色，有淡黄色薄片状横隔。叶片纸质，卵形、卵状椭圆形或三角状卵形，两面幼时被白色短柔毛，老时表面光滑无毛，全缘或有时边缘具波状齿。伞房状聚伞花序顶生或腋生，通常二歧分枝；苞片叶状，椭圆形，早落；花萼蕾时绿白色，后紫红色，基部合生，中部略膨大，有5棱脊，顶端5深裂，裂片三角状披针形或卵形，顶端尖；花香，花冠白色或带粉红色，花冠管细，长约2 cm，顶端5裂。核果近球形，径6~8 mm，包藏于增大的宿萼内，成熟时外果皮蓝紫色。花果期6~11月。

生态习性： 喜光，较耐寒、耐旱，也喜湿润土壤，耐瘠薄。适应性强，栽培管理容易。

观赏特性及园林应用： 海州常山花序大，花果美丽，一株树上花果共存，白、红、蓝色泽亮丽，花果期长，植株繁茂，为良好的观赏花木，宜丛植在庭院、坡地、路旁、溪边。

266

海州常山果

海州常山果

海州常山花

海州常山植株

海州常山叶

科属：马鞭草科牡荆属

识别要点：落叶灌木。高2~3 m，小枝四棱形，被灰白色绒毛。掌状复叶，对生，叶柄长2~7 cm，小叶4~7片，小叶片狭披针形，有短柄或近无柄。聚伞花序排列成圆锥状，长8~18 cm；花冠蓝紫色，长约1 cm，外面有毛和腺点。花期7~8月。

生态习性：喜光，较耐寒，亦耐热，耐干旱瘠薄，生长势强，抗性强，病虫害少。

观赏特性及园林应用：穗花牡荆因其蓝紫色的大型花序而闻名，一树蓝花点缀于郁郁葱葱的庭院中十分素雅。因其落叶的特性，可与常绿灌木搭配，以弥补其冬季效果；在少花又炎热的夏季，穗花牡荆是难得的时令花卉，一簇簇幽蓝让观者神清气爽，是花境、庭院、道路两侧十分优秀的配植材料。

267

穗花牡荆花序

穗花牡荆花

穗花牡荆树干

穗花牡荆植株

穗花牡荆叶

被子植物

马鞭草科	Verbenaeae	265	单叶蔓荆

拉丁名：*Vitex trifolia* Linn. var. *simplicifolia* Cham.

科属： 马鞭草科牡荆属

识别要点： 落叶灌木。茎匍匐，节处常生不定根。单叶对生，叶片倒卵形或近圆形，顶端通常钝圆或有短尖头，基部楔形，全缘。圆锥花序顶生，长3~15 cm，花序梗密被灰白色绒毛；花冠淡紫色或蓝紫色，长6~10 mm，外面及喉部有毛，花冠管内有较密的长柔毛，顶端5裂，二唇形，下唇中间裂片较大。花果期7~11月。

生态习性： 性强健，耐寒，耐旱，耐瘠薄，喜光，耐盐碱。

观赏特性及园林应用： 单叶蔓荆覆盖能力很强，在适宜的气候条件下生长极快，匍匐茎着地部分生须根，能很快覆盖地面，抑制其他杂草生长。在园林绿化上可孤植也可群植，形成庞大的植物群落，覆盖建筑垃圾、瓦砾堆集过的劣质土壤地表。

单叶蔓荆茎叶

单叶蔓荆叶背

单叶蔓荆果实

单叶蔓荆花

单叶蔓荆植株

科属： 茄科枸杞属

识别要点： 落叶多分枝灌木，高0.5~1 m，栽培时可达2 m多；枝条细弱，弓状弯曲或俯垂，淡灰色，有纵条纹，棘刺长0.5~2 cm。叶纸质，栽培者质稍厚，单叶互生或2~4枚簇生，卵形、卵状菱形、长椭圆形、卵状披针形，顶端急尖，基部楔形。花在长枝上单生或双生于叶腋，在短枝上则同叶簇生；花冠漏斗状，长9~12 mm，淡紫色，筒部向上骤然扩大，稍短于或近等于檐部裂片，5深裂，裂片卵形，顶端圆钝，平展或稍向外反曲，边缘有缘毛。浆果红色，卵状，栽培者可成长矩圆状或长椭圆状。花果期6~11月。

生态习性： 喜光，稍耐阴，喜干燥凉爽气候，较耐寒，对土壤要求不严，但以排水良好的石灰质沙质壤土为好。耐旱，也较耐盐碱，忌黏质壤土及低洼湿地。

观赏特性及园林应用： 可丛植于池畔、山坡、河岸，或做绿篱栽植，还可做树桩盆栽。嫩叶和果实均可食用。

枸杞果实

枸杞植株

枸杞花枝

被子植物

玄参科	Scrophulariaceae	267	泡桐
			拉丁名：*Paulownia fortunei* (Seem.) Hemsl.

科属：玄参科泡桐属

识别要点：落叶乔木。高达30 m，树冠圆锥形，主干直，树皮灰褐色；幼枝、叶、花序各部和幼果均被黄褐色星状绒毛，但叶柄、叶片上面和花梗渐变无毛。叶片长卵状心脏形，有时为卵状心脏形。花序枝几无或仅有短侧枝，故花序狭长几成圆柱形，长约25 cm，小聚伞花序有花3~8朵，总花梗几与花梗等长；花冠管状漏斗形，白色至稍带紫色内具紫色斑点及黄色条纹，花期3~4月，果期7~8月。

生态习性：喜光。耐干旱，根近肉质，喜湿厌涝。喜疏松、深厚、排水良好的壤土或沙质壤土，不喜黏重的土壤，较耐碱。萌芽力强。

观赏特性及园林应用：泡桐生长迅速，冠大荫浓，先花后叶，是快速绿化的优选树种，可用作庭荫树、行道树或速生片林种植。泡桐叶吸附尘烟、有毒气体能力强，适宜于工矿企业绿化。

泡桐果实

泡桐植株

泡桐花

科属：茜草科水团花属

识别要点：落叶灌木。高达2 m，小枝红褐色，嫩枝密被短柔毛。叶片纸质，卵状椭圆形或宽卵状披针形，全缘。头状花序通常单个顶生，直径约10 mm。花冠淡紫色，长3~4 mm。花期6~7月。

生长习性：喜光，稍耐阴。常生长在溪边、沙滩或山谷沟旁，耐水淹，耐冲击。畏炎热干旱。喜沙质土，酸性、中性土都能适应。较耐寒。

观赏特性及园林应用：细叶水团花枝条披散，俏丽婀娜；叶狭长质厚，绿油油而闪闪泛光；花时紫红球花满吐长蕊，奇丽夺目。由于其耐水湿性强，非常适宜于池畔、塘边配植，亦宜做花径绿篱。

水杨梅花序

水杨梅茎叶

水杨梅盆栽植株

水杨梅植株

水杨梅植株

271

被子植物

茜草科	Rubiaceae	**269**	栀子
			拉丁名：*Gardenia jasminoides* Ellis

科属：茜草科栀子属

识别要点：常绿直立灌木。小枝绿色，密被垢状毛。叶对生或3叶轮生。叶片革质，长4~12 cm，宽1.5~4 cm，全缘，两面无毛。花单生小枝顶端，芳香；花冠白色，高脚碟状，直径4~6 cm，筒长3~4 cm。果橙黄色至橙红色，通常卵形，有5~8纵棱。花期5~7月，果期8~11月。

生长习性：性喜温暖湿润气候，喜光但又不能经受强烈阳光照射，适宜生长在疏松、肥沃、排水良好、轻黏性酸性土壤中，是典型的酸性植物。抗有害气体能力强，萌芽力强，耐修剪。

观赏特性及园林应用：栀子终年常绿，开花芬芳香郁，是深受大众喜爱、花叶俱佳的观赏树种，可用于庭园、池畔、阶前、路旁丛植或孤植；也可在绿地组成色块。开花时，望之如积雪，香闻数里，人行其间，芬芳扑鼻，效果尤佳；也可做花篱栽培。

栀子果

栀子幼果

栀子枝、叶、果

栀子植株

科属：茜草科栀子属

识别要点：水栀子为栀子的变种。与原种不同在于变种为低矮小灌木，多分枝，最高0.6 m，花、叶、果均较小。本变种花有单瓣和重瓣，其中重瓣者为园艺品种。

生态习性：水栀子不耐寒，喜温暖、湿润气候，不耐干旱和强光照射。喜疏松透气、排水良好的微酸至中性土壤。

观赏特性及园林应用：水栀子四季常绿、植株低矮、花香浓郁，因其不耐暴晒，因此适宜配植疏林草地，或林缘以及建筑周边。

水栀子叶

水栀子花

273

水栀子植株

被子植物

茜草科	Rubiaceae	**271**	大花栀子 拉丁名：*Gardenia jasminoides* Ellis form. *grandiflora*（Lour.）Makino

科属：茜草科栀子属

识别要点：大花栀子为栀子变型。与原种不同主要在于本变型花较大，直径6~8 cm；果实长3~4 cm。花有单瓣或重瓣。

生态习性：与原种相似。

观赏特性及园林应用：大花栀子花比原种大，其观赏价值高于原种，园林用途与原种相似，可丛植、群植，也可片植观赏。

大花栀子叶

大花栀子植株

大花栀子三叶轮生

大花栀子幼果

大花栀子花

茜草科 **Rubiaceae** **272**

金边六月雪
拉丁名：*Serissa japonica* (Thunb.) Thunb.
var. *aureo-marginata*

科属：茜草科六月雪属

识别要点：金边六月雪为六月雪变种。半常绿小灌木。高60~90 cm，叶革质，卵形至倒披针形，长6~22 mm，宽3~6 mm，顶端短尖至长尖，全缘，无毛，正面绿色，边缘有一圈黄白色条纹；叶柄短。花单生或数朵丛生于小枝顶部或腋生，有被毛、边缘浅波状的苞片；萼檐裂片细小，锥形，被毛；花冠淡红色或白色，长6~12 mm，裂片扩展，顶端3裂。花期5~7月。

生态习性：喜光，亦耐阴，较耐寒，在嘉兴地区持续低温期较长时会落叶。喜湿润的酸性土，较耐旱。

观赏特性及园林应用：金边六月雪植株枝叶密集，开花洁白如雪，花叶纤小，姿态别致。在赤日炎炎的盛夏，玉洁小花密集在枝头，给人阵阵凉意和舒适的感觉。六雪月既可用做绿篱，也可成片种植，或跟其他植物组成花境、花坛，均较适宜。由于其耐修剪，易造型，因此也常常用做盆景。

金边六月雪枝叶

金边六月雪花

金边六月雪应用

金边六月雪盆景

275

被子植物

紫葳科	Bignoniaceae	273	梓树
			拉丁名：*Catalpa ovata* G. Don

科属：紫葳科梓树属

识别要点：落叶乔木。高达15 m，树冠伞形，主干通直。叶对生或近于对生，有时轮生，阔卵形，长宽近相等，长约25 cm，顶端渐尖，基部心形，全缘或浅波状，常3浅裂，叶片上面及下面均粗糙，微被柔毛或近于无毛。顶生圆锥花序；花冠钟状，淡黄色，内面具2黄色条纹及紫色斑点。蒴果线形，下垂，长20~30 cm，粗5~7 mm。花期5~6月，果期8~10月。

生态习性：适应性较强，喜温暖，也能耐寒。以深厚、湿润、肥沃的沙壤土为宜。不耐干旱瘠薄。抗污染能力强，生长较快。

观赏特性及园林应用：梓树树体端正，冠幅开展，叶大荫浓，春夏黄花满树，秋冬蒴果悬挂，园林中用作庭荫树和行道树均宜。

梓树植株

梓树果枝

梓树果

梓树花序、叶

梓树树干

科属：紫葳科凌霄属

识别要点：落叶藤本，以气生根攀附于他物之上。奇数羽状复叶对生；小叶9~11枚，边缘有锯齿。花大，短圆锥花序顶生；花萼钟状，5裂至1/3处，裂片卵状三角形；花冠漏斗状，橙红色至鲜红色。花期7~10月。

生态习性：喜阳、略耐阴，喜温暖、湿润气候，不耐寒。要求排水良好、肥沃湿润的土壤。较耐水湿，也耐干旱，并有一定的耐盐碱能力。萌芽力、萌蘖力均强。

观赏特性及园林应用：美国凌霄花期长，又值少花的夏季，绿叶满墙（架），花枝伸展，一簇簇橘红色的喇叭花，缀于枝头，迎风飘舞，格外惹人喜爱。凌霄气生根发达，攀援于山石、墙面或树干向上生长，多植于墙根、桥头、树旁、假山石、竹篱边，是城市立体绿化的优良植物。

美国凌霄花

美国凌霄枝叶

美国凌霄应用

美国凌霄气生根

美国凌霄配植

277

被子植物

忍冬科	Caprifoliaceae	**275**	珊瑚树（法国冬青） 拉丁名：*Viburnum odoratissimum* Ker-Gawl. var. *awabuki* (K. Koch) Zabel ex Rumpl.

科属：忍冬科荚蒾属

识别要点：常绿灌木或小乔木。高达10 (15) m；枝灰色或灰褐色，有凸起的小瘤状皮孔。冬芽有1~2对卵状披针形的鳞片。叶革质，椭圆形至矩圆形或矩圆状倒卵形至倒卵形，有时近圆形，长7~20 cm，边缘上部有不规则浅波状锯齿或近全缘，上面深绿色有光泽，两面无毛或脉上散生簇状微毛，下面有时散生暗红色微腺点，脉腋常有集聚簇状毛。圆锥花序顶生，花冠白色，后变黄白色。果实先红色后变黑色，卵圆形或卵状椭圆形。花期4~5月，果熟期7~9月。

生长习性：喜温暖湿润气候，在潮湿肥沃的中性壤土中生长旺盛，酸性和微酸性土均能适应。喜光亦耐阴，根系发达，萌芽力强，特耐修剪，极易整形。

观赏特性及园林应用：珊瑚树叶片浓绿发亮，春季白色满树花，秋季鲜红果实。且适应性和抗性强，且有较强的吸毒和杀菌能力，可丛植、片植于绿地，或用作高篱，特别适合厂矿区绿化。

法国冬青枝叶

法国冬青片植

法国冬青植株

法国冬青花序

法国冬青果实

法国冬青绿篱应用

科属：忍冬科荚蒾属

识别要点：落叶或半常绿灌木。高达4 m，芽、幼枝、叶柄及花序均密被灰白色或黄白色簇状短毛，后渐变无毛。叶纸质，卵形至椭圆形或卵状矩圆形，长5~11 cm，顶端钝或稍尖，基部圆或有时微心形，边缘有小齿，上面初时密被簇状短毛，后仅中脉有毛，下面被簇状短毛。聚伞花序直径8~15 cm，全部由大型不孕花组成；花冠白色，直径1.5~4 cm，裂片圆状倒卵形，筒部甚短；雄蕊长约3 mm，花药小，近圆形；雌蕊不育。花期4~5月。

生态习性：性喜温暖、湿润和半阴环境。适应性较强，对土壤要求不严，以湿润、肥沃、排水良好的壤土为宜。萌芽、萌蘖力强。

观赏特性及园林应用：木绣球是一种常见的庭院花卉，聚伞花序球形，如雪球累累，簇拥在椭圆形的绿叶中，非常漂亮。园林中常植于疏林树下，园路边缘，建筑物入口处，或丛植于草坪一角，或散植于常绿树之前。小型庭院中，可对植，也可孤植，墙垣、窗前栽培也富有情趣。

木绣球植株

木绣球花

木绣球枝叶

279

被子植物

| 忍冬科 | Caprifoliaceae | **277** | 琼花
拉丁名：*Viburnum macrocephalum* Fort. f.
keteleeri (Carr.) Rehd. |

科属：忍冬科荚蒾属

识别要点：琼花为木绣球园艺种。与原种区别是花序周围是大型的不孕花，中间则为小型两性花。果实长椭圆形，长8~11 mm，红色而后变黑色。

生态习性：喜光，略耐阴，喜温暖湿润气候，较耐寒，宜在肥沃、湿润、排水良好的土壤中生长。

观赏特性及园林应用：琼花花开洁白如玉，风姿绰约，格外清秀淡雅，秋季又有累累红果，为优良的观花、观果树种。在园林中适宜丛植或群植。

琼花花

琼花果实

琼花叶片背面

琼花叶片正面

琼花植株

琼花应用

科属：忍冬科荚蒾属

识别要点：常绿灌木，树冠呈球形。叶椭圆形，深绿色，叶长10 cm。聚伞花序，单花小，仅0.6 cm，花蕾粉红色，花蕾期很长，可达5个多月，盛开后花白色，整个花序直径达10 cm，花期在原产地从11月直到翌春4月。果卵形，深蓝黑色，直径0.6 cm。

生态习性：喜光，亦耐阴，能耐 −15～ −10℃ 的低温。对土壤要求不严，较耐旱，忌土壤过湿。

观赏特性及园林应用：地中海荚蒾生长快速，枝叶繁茂，耐修剪，适于做绿篱或修剪成球形，也可栽于庭园观赏，是长三角地区冬季观花植物中不可多得的常绿灌木。

地中海荚蒾应用

地中海荚蒾花序

地中海荚蒾植株

被子植物

海仙花
拉丁名：*Weigela coraeensis* Thunb.

海仙花花

科属：忍冬科锦带花属

识别要点：落叶灌木。高达3 m，小枝光滑，稍呈四方形，有2列短柔毛。叶长椭圆形、矩圆形至倒卵状圆形，顶端渐尖，基部楔形至圆形，边缘具细锯齿，上面疏被短柔毛，下面脉上被柔毛至短柔毛，具长2~5 mm的短柄。具3朵花的聚伞花序生于侧生短枝的叶腋；花冠初时白色，后变红色，长2.5~3 cm，外面疏被短柔毛或无毛；萼片线形，裂达基部；果实光滑。花期4~5月。

生长习性：喜光也耐阴，耐寒，适应性强，对土壤要求不严，能耐瘠薄，在深厚湿润、富含腐殖质的土壤中生长最好，要求排水性能良好，忌水涝。

观赏特性及园林应用：海仙花枝叶茂密，花色艳丽，花期可长达数月，适宜庭院墙隅、湖畔群植；也可在树丛林缘丛植或做花篱，或点缀于假山、坡地。

海仙花枝叶

海仙花植株

海仙花萼片

科属：忍冬科锦带花属

识别要点：落叶灌木。高3 m，枝细长，幼枝有短柔毛。叶片倒卵形、椭圆形或卵状长圆形，长7~10 cm，宽2~4 cm，先端渐尖，基部楔形，边缘具锯齿，叶片下面脉上密被白色的直立短柔毛。萼齿长约1 cm，深达萼檐中部；花冠紫红色或玫瑰红色。花期4~6月。

生态习性：喜光，耐阴，耐寒；对土壤要求不严，能耐瘠薄土壤，但以深厚、湿润而腐殖质丰富的土壤生长最好，怕水涝。

观赏特性及园林应用：锦带花有百余园艺类型和品种，花色艳丽而繁多，花期长，是春末夏初重要的花灌木，适宜庭院墙隅、湖畔群植；也可在林缘作花篱，或丛植，还可点缀于假山、坡地。

锦带花植株

锦带花茎、叶、花

锦带花茎叶

锦带花植株

锦带花花

被子植物

忍冬科	Caprifoliaceae	**281**	接骨木 拉丁名：*Sambucus williamsii* Hance

科属： 忍冬科接骨木属

识别要点： 落叶灌木或小乔木。高5~6 m；老枝淡红褐色，具明显的长椭圆形皮孔，髓部淡褐色。羽状复叶有小叶2~3对，有时仅1对或多达5对，小叶边缘具不整齐锯齿，有时基部或中部以下具1至数枚腺齿，最下一对小叶有时具长0.5 cm的柄，初时小叶上面及中脉被稀疏短柔毛，后光滑无毛，叶搓揉后有臭气。花与叶同出，圆锥形聚伞花序顶生；花冠蕾时带粉红色，开后白色或淡黄色。果实红色，极少蓝紫黑色，卵圆形或近圆形。花期一般4~5月，果熟期7~9月。

生态习性： 性强健，喜光，耐寒，耐旱。根系发达，萌蘖性强。

观赏特性及园林应用： 接骨木枝叶繁茂，春季白花满树，夏秋红果累累，是良好的观赏树种，宜植于草坪、林缘或水边。

接骨木树干

接骨木枝叶

接骨木花序

接骨木植株

接骨木果

科属：忍冬科忍冬属

识别要点：半常绿灌木。高达2 m，幼枝无毛或疏被倒刚毛，毛脱落后留有小瘤状突起，老枝灰褐色。叶形态变异很大，从倒卵状椭圆形、椭圆形、圆卵形、卵形至卵状矩圆形，长3～7 (8.5) cm，顶端短尖或具凸尖；叶柄长2~5 mm，有刚毛。花先于叶或与叶同时开放，芳香，生于幼枝基部苞腋；花冠白色或淡红色。浆果红色，椭圆形，长约1 cm，熟时可食。花期2月中旬至4月。

生态习性：喜光，也耐阴。喜肥沃、湿润的土壤。耐旱，稍耐水湿。

观赏特性及园林应用：郁香忍冬是早春观花植物，花香但不浓郁，适宜庭院、草坪边缘、园路旁、转角一隅、假山前后及亭际附近栽植。

郁香忍冬花

郁香忍冬枝叶

郁香忍冬植株

郁香忍冬果实

郁香忍冬植株

郁香忍冬花

被子植物

| 忍冬科 | Caprifoliaceae | **283** | 金银花
拉丁名：*Lonicera japonica* Thunb. |

科属：忍冬科忍冬属

识别要点：半常绿缠绕藤本。幼枝暗红褐色，密被黄褐色、开展的硬直糙毛、腺毛和短柔毛，下部常无毛。叶纸质，卵形至矩圆状卵形，小枝上部叶通常两面均密被短糙毛，下部叶常平滑无毛而下面多少带青灰色；花成对生于腋生的总花梗顶端，花冠白色，有时基部向阳面呈微红，后变黄色。花期4~6月。

生态习性：适应性很强，喜光亦耐阴，耐寒性强，也耐干旱和水湿，对土壤要求不严，但以湿润、肥沃的深厚沙质壤土上生长最佳。

观赏特性及园林应用：金银花植株轻盈，藤蔓缭绕，花先白后黄，富含清香，是色香俱备的藤本植物，可缠绕篱垣、花架、花廊等做垂直绿化；或附在山石上，植于沟边，爬于山坡，用做地被，也富有自然情趣。

金银花应用

金银花果枝

金银花植株

金银花花朵

科属：忍冬科忍冬属

识别要点：红白忍冬为金银花变种。与原种区别在于幼枝紫黑色；花冠外面紫红色，内面白色。

生态习性：与原种相同。

观赏价值与园林应用：与原种相同。

红白忍冬果、茎

红白忍冬茎叶

红白忍冬花

红白忍冬枝叶

被子植物

忍冬科	Caprifoliaceae	**285**	京红久忍冬
			拉丁名：*Lonicera heckrottii* Rehder

科属：忍冬科忍冬属

识别要点：常绿藤本。茎长10 m以上，向右旋缠绕；单叶对生，叶片卵状椭圆形，背面粉绿色，花序下方1~2对叶的基部连合成圆形或近圆形的盘；花序顶生，多花性，花芽橘红色，开花后花瓣内侧金黄色；花期3~10月。

生态习性：喜光稍耐阴，耐寒、耐旱，对土壤要求不严。根系发达，萌蘖性强。

观赏特性及园林应用：京红久忍冬较金银花花期长，株形整齐，是集花、叶、香一体的优秀攀援植物，适用于公园、绿地的垂直绿化，还可点缀庭院中的花架、花廊等，以及丛植做地被。

京红久忍冬花

京红久忍冬花茎叶

京红久忍冬植株

科属：忍冬科忍冬属

识别要点：常绿灌木。株高可达2~3 m，枝叶十分密集，小枝细长，横展生长。叶对生，细小，卵形至卵状椭圆形，长1.5~1.8 cm，宽0.5~0.7 cm，革质，全缘，上面亮绿色，下面淡绿色。花腋生，并列着生两朵花，花冠管状，淡黄色，具清香，浆果蓝紫色。

生态习性：喜光，亦耐阴，耐寒力强，也耐高温。对土壤要求不严，在酸性、中性及盐碱土中均能生长。

观赏特性及园林应用：匍枝亮叶忍冬四季常青，叶色亮绿，生长旺盛，萌芽力强，分枝茂密，极耐修剪，在园林中最宜用做地被。

匍枝亮叶忍冬茎叶

匍枝亮叶忍冬植株

匍枝亮叶忍冬应用

被子植物

忍冬科	Caprifoliaceae	**287**	大花六道木
			拉丁名：*Abelia × grandiflora*（Andre）Rehd

科属：忍冬科六道木属

识别要点：大花六道木为糯米条和独花六道木的杂交种。常绿灌木，高和冠幅均可达1.8 m，枝开展，呈拱形。幼枝较光滑，红褐色，具对生侧枝。叶长5 cm，宽2 cm，叶表面绿色，有光泽，叶背呈灰白色，冬季转红色或橙色。花单生或簇生，漏斗状，白色，略带紫红色，萼片2~5，有时萼片相连。花稍有芳香。花期为春夏秋季。

生态习性：喜光，耐干旱，耐瘠薄。适应性非常强。对土壤要求不高，酸性和中性土都可以；对肥力的要求也不严格，萌蘖力、萌芽力强，耐修剪。

观赏特性及园林应用：大花六道木开花繁茂，花型优美，从春季至秋季，花开络绎不绝，是少花的夏、秋两季的一个亮点。其园林用途广泛，既宜庭院、池畔、路边、墙隅配植，可亦群植做花径。

大花六道木花

大花六道木叶

大花六道木叶背面

大花六道木植株

科属: 忍冬科六道木属

识别要点: 金叶大花六道木为大花六道木的园艺品种。跟原种区别在于叶片金黄色, 尤其是春季嫩叶。其他与原种相同。

生态习性: 与原种相似。

观赏特性及园林应用: 新叶金黄, 观赏性高于原种, 用途与原种相似。

金叶大花六道木花枝

金叶大花六道木花枝

金叶大花六道木植株

科属：禾本科簕竹属

识别要点：灌木状竹类。地下茎合轴型。秆直立，高4~7 m，直径1.5~2.5 cm；节间长30~50 cm，幼时薄被白蜡粉，老时则光滑无毛；节处稍隆起，无毛；分枝自竿基部第二或第三节即开始，数枝乃至多枝簇生，主枝较粗长。

生态习性：喜光，稍耐阴。喜温暖、湿润环境，较耐寒。喜深厚肥沃、排水良好的土壤。

观赏特性及园林应用：孝顺竹竹竿丛生，四季青翠，姿态秀美，宜于宅院、草坪角隅、建筑物前或河岸种植。若配植于假山旁侧，则竹石相映，更富情趣。

孝顺竹分枝

孝顺竹群植

孝顺竹叶片

科属：禾本科簕竹属

识别要点：观音竹为孝顺竹变种。本变种与原种的区分特征为秆实心，高1~3 m，直径3~5 mm，小枝具13~23叶，且常下弯呈弓状，叶片较原种小，长1.6~3.2 cm，宽2.6~6.5 mm。

生态习性：同原种。

观赏特性及园林应用：常栽培于庭园间用做矮绿篱，或盆栽供观赏。

观音竹盆栽

观音竹叶

观音竹植株

观音竹分枝

观音竹叶

被子植物

禾本科	Gramineae	**291**	阔叶箬竹 拉丁名：*Indocalamus latifolius*（Keng）McClure

科属：禾本科箬竹属

识别要点：灌木状或小灌木状竹类。地下茎复轴型。秆高约1 m，直径0.5~1.5 cm；节间长5~22 cm，被微毛；竿环略高，箨环平；秆每节1枝，唯秆上部稀有2或3枝，枝直立或微上举。小枝具叶1~3枚，叶片长10~30 cm，宽2~5 cm，背面灰白色，叶缘粗糙。

生态习性：喜光，耐半阴。较耐寒，喜湿耐旱，对土壤要求不严，在轻度盐碱土中也能正常生长。

观赏特性及园林应用：园林中多用作地被植于疏林下，或丛植于草坪边缘，也可植于河边护岸。

阔叶箬竹叶

阔叶箬竹植株

科属：禾本科毛竹属

识别要点：地下茎单轴型。秆高7~8 m，稀可高达10 m，直径2~5 cm，秆绿色，密被细柔毛及白粉，箨环有毛，一年生以后的竿逐渐先出现紫斑，最后全部变为紫黑色，无毛；中部节间长25~30 cm，壁厚约3 mm；竿环与箨环均隆起，且竿环高于箨环或两环等高。

生态习性：喜光，喜温暖湿润气候。对土壤要求不严，以土层深厚、肥沃、湿润而排水良好的酸性土壤最宜，过于干燥的沙荒石砾地、盐碱土或积水的洼地不能适应。

观赏特性及园林应用：竹秆紫黑，叶翠绿，为优良园林观赏竹种，在园林中宜成片或成行种植。

紫竹植株

紫竹竿

被子植物

禾本科	Gramineae	293	菲白竹 拉丁名：*Sasa fortunei*（Van Houtte）Fiori

科属：禾本科赤竹属

识别要点：秆高10~30 cm，高大者可达50~80 cm；节间细而短小，圆筒形，直径1~2 mm，光滑无毛；小枝具4~7叶；叶片短小，披针形，长6~15 cm，宽8~14 mm，先端渐尖，基部宽楔形或近圆形；两面均具白色柔毛，叶面通常有黄色、浅黄色乃至近白色的纵条纹。

生态习性：喜温暖湿润气候，较耐寒，忌烈日，宜半阴，喜肥沃疏松排水良好的沙质土壤。有很强的耐阴性，可以在林下生长。

观赏特性及园林用途：观赏地被竹，矮小丛生，株型优美，叶片绿色间有黄色至淡黄色的纵条纹，可用做地被、小型盆栽，或配植在假山、大型山水盆景间，兼文化、观赏和生态于一体。

菲白竹应用

菲白竹叶

菲白竹植株

毛竹
拉丁名：*Phyllostachys pubescens* Mazel ex H.de Leh.

科属：禾本科毛竹属

识别要点：秆大形，高达20余米，粗达18 cm。幼秆密被细柔毛及厚白粉，箨环有毛，老秆无毛，并由绿色渐变为绿黄色；基部节间甚短而向上则逐节变长，中部节间长达40 cm或更长；竿环不明显，低于箨环或在细竿中隆起。箨鞘背面有黄褐色或紫褐色斑点及密生棕色刺毛。

生态习性：喜光，要求土壤深厚。喜温暖湿润气候，不耐干旱，不耐积水。

观赏特性及园林应用：毛竹生长快，产量高，材质好，用途广，是我国经济价值最大的竹种，目前在园林中应用不多，可在风景林中成片栽植。

毛竹笋

毛竹林

毛竹枝干

被子植物

禾本科	Grameae	295	人面竹

拉丁名：*Phyllostachys aurea* Carr. ex A. et C. Riv.

科属：禾本科毛竹属

识别要点：秆高5~12 m，粗2~5 cm，幼时被白粉，无毛，成长的秆呈绿色或黄绿色；中部节间长15~30 cm，基部或有时中部的数节间极缩短，缢缩或肿胀，或其节交互倾斜，中、下部正常节间的上端也常明显膨大，竿壁厚4~8 mm。

生态习性：喜温暖湿润气候，较耐寒。要求土层深厚。

观赏特性及园林应用：四季常绿，竿形特别，在园林中适宜片植观赏。

人面竹枝干

人面竹分枝

科属：禾本科毛竹属

识别要点：散生竹，秆高8~10 m，粗5~6 cm，节间长17~35 cm，秆绿色，无毛，初略具白粉。竿每节分2枝，一粗一细。箨鞘淡绿色，具黄褐色光泽，散生褐色斑点，无毛。笋期4月上旬开始，出笋持续时间较长。

生态习性：喜温暖湿润气候。耐旱，抗寒性强。耐轻碱地，在沙土及低洼地均能生长。

观赏特性及园林应用：早园竹姿态优美，生命力强，在城市园林绿化中，可广泛用于公园、庭院、厂区等。也用于边坡、河畔绿化。

早园竹枝干

早园竹配植

早园竹分枝

早园竹枝干

被子植物

科属：百合科丝兰属

识别要点：常绿灌木，叶近莲座状排列于茎或分枝的近顶端；叶片剑形，质厚且坚挺，长40~80 cm，宽4~6 cm，先端具刺尖，幼时边缘具细齿，老时全缘。圆锥花序大型，花白色或稍带淡黄色，近钟形，下垂；花期9~11月。

生态习性：喜温暖湿润和阳光充足环境，耐寒，耐阴，耐旱也较耐湿，对土壤要求不严。

观赏特性及园林应用：凤尾兰常年浓绿，花、叶皆美，树态奇特，数株成丛，高低不一，叶形如剑，开花时花茎高耸挺立，花色洁白，是良好的庭园观赏树木。常植于花坛中央、建筑前、草坪中、池畔、路旁等。

凤尾兰丛生群落

凤尾兰叶片

凤尾兰花枝

凤尾兰花

棕榈科　　**Palmae**　**298**　拉丁名：*Trachycarpus fortune*（Hook. f.）H. Wendl.

棕榈

科属：棕榈科棕榈属

识别要点：常绿乔木，茎圆柱形，直立，不分枝，有环纹，常被残存的纤维状老叶鞘所包围。叶片圆扇形，直径50~100 cm，掌状裂，裂片30~45枚，线状披针形，先端具2浅裂。肉穗花序圆锥状，花小，淡黄色，单性，雌雄异株。花期5~6月，果期8~10月。

生态习性：喜温暖湿润气候，喜光。较耐寒，稍耐阴。喜排水良好、湿润肥沃的中性、石灰性或微酸性土壤，耐轻盐碱。

观赏特性及园林应用：棕榈树势挺拔，叶色葱茏，适于四季观赏。园林中孤植、丛植和群植均可，也可对植于庭前或园路两旁。

棕榈植株

棕榈果枝

301

棕榈树干

棕榈纤维状老叶鞘

棕榈花枝

被子植物

| 棕榈科 | Palmae | 299 | 蒲葵 拉丁名：*Livistona chinensis*（Qaxq）R. Br. |

科属：棕榈科蒲葵属

识别要点：常绿乔木，茎圆柱形，直立，不分枝，有环状叶痕。叶阔肾状扇形，宽1.5~1.8 m，长1.2~1.5 m，掌状浅裂或深裂，通常部分裂深至全叶1/4~2/3，下垂；裂片条状披针形，顶端长渐尖，再深裂为2；叶柄两侧具骨质的钩刺；叶鞘褐色，纤维甚多。肉穗花序腋生，排成圆锥花序式，分枝多而疏散；总苞1，革质，圆筒形，苞片多数，管状；花小，两性，通常4朵集生，花冠3裂，几达基部，花瓣近心脏形，直立。核果椭圆形至阔圆形，状如橄榄，两端钝圆，熟时亮紫黑色，外略被白粉。

生态习性：喜高温多湿气候，适应性强，能耐0℃左右的低温和一定程度的干旱。喜光，略耐阴，苗期尤耐阴，光照充足则生长强健。抗风力强，须根盘结丛生，耐移植，能在海滨、河滨生长而少遭风害。喜湿润、肥沃、富含有机质的黏壤土，能耐一定程度的水涝及短期浸泡。抗有毒气体，对Cl_2和SO_2抗性强。

观赏特性及园林应用：蒲葵树形美观，可丛植、列植、孤植于园林中。

蒲葵植株

蒲葵果枝

蒲葵列植

科属：棕榈科刺葵属

识别要点：常绿乔木。高达10~15 m，羽状复叶，长达5~6 m。小叶基部内折，长20~40 cm，宽1.5~2.5 cm，基部小叶成刺状，在中轴上排成数行。花单性异株，花序长约2 m。浆果球形，长约1.8 cm。

生态习性：耐热，耐寒性较差，但能耐短期零度以下低温，成年树抗寒性稍强。

观赏特性及园林应用：加拿利海枣单干粗壮，直立雄伟，树形优美舒展，富有热带风情，在园林中宜孤植，或建筑入口处对植。

加拿利海枣叶

加拿利海枣植株

加拿利海枣植株

加拿利海枣花枝

加强利海枣花序

303

被子植物

参 考 文 献

[1] 浙江植物志编辑委员会 . 浙江植物志 [M]. 杭州：浙江科学技术出版社，1989-1993.

[2] 中国植物志编辑委员会 . 中国植物志 [M]. 北京：科学出版社，1959-2005.

[3] 陈有民 . 园林树木学 [M]. 北京：中国林业出版社，1990.

[4] 向其柏，王章荣 . 杂交马褂木的新名称——亚美马褂木 [J]. 南京林业大学学报：自然科学版，2012,36（2）：1-2.

[5] 赵冰，张启翔，等 . 江西婺源县蜡梅属资源现状及其开发利用 [J]. 中国野生植物资源，2007,26（6）：35-36.

[6] 路佳 . 北美枫香组织培养技术研究 [D]. 河南科技大学，2014.

[7] 李进章，戚拥军 . 紫叶加拿大紫荆 [J]. 园林，2004（9）：55.

[8] 张永清，刘合刚 . 药用植物栽培学 [M]. 北京：中国中医药出版社，2013.